Wilhelm Bohr

Expression, Aufreinigung und Charakterisierung von rhCTGF und rrNOV

Wilhelm Bohr

Expression, Aufreinigung und Charakterisierung von rhCTGF und rrNOV

Profunde Biochemie möglicher profibrotischer Markerproteine aus der CCN Familie

Südwestdeutscher Verlag für Hochschulschriften

Impressum/Imprint (nur für Deutschland/only for Germany)
Bibliografische Information der Deutschen Nationalbibliothek: Die Deutsche Nationalbibliothek verzeichnet diese Publikation in der Deutschen Nationalbibliografie; detaillierte bibliografische Daten sind im Internet über http://dnb.d-nb.de abrufbar.

Coverbild: www.ingimage.com

Verlag: Südwestdeutscher Verlag für Hochschulschriften GmbH & Co. KG
Heinrich-Böcking-Str. 6-8, 66121 Saarbrücken, Deutschland
Telefon +49 681 37 20 271-1, Telefax +49 681 37 20 271-0
Email: info@svh-verlag.de

Zugl.: Aachen, RWTH, Diss., 2010

Herstellung in Deutschland:
Schaltungsdienst Lange o.H.G., Berlin
Books on Demand GmbH, Norderstedt
Reha GmbH, Saarbrücken
Amazon Distribution GmbH, Leipzig
ISBN: 978-3-8381-2254-0

Imprint (only for USA, GB)
Bibliographic information published by the Deutsche Nationalbibliothek: The Deutsche Nationalbibliothek lists this publication in the Deutsche Nationalbibliografie; detailed bibliographic data are available in the Internet at http://dnb.d-nb.de.

Cover image: www.ingimage.com

Publisher: Südwestdeutscher Verlag für Hochschulschriften GmbH & Co. KG
Heinrich-Böcking-Str. 6-8, 66121 Saarbrücken, Germany
Phone +49 681 37 20 271-1, Fax +49 681 37 20 271-0
Email: info@svh-verlag.de

Printed in the U.S.A.
Printed in the U.K. by (see last page)
ISBN: 978-3-8381-2254-0

I. Inhaltsverzeichnis

II. Abbildungsverzeichnis

III. Abkürzungsverzeichnis

aq.	wässrig
AU	*Absorption Unit* (Absorptionseinheit)
Bp	Basenpaare
BrdU	Bromodeoxyuridin
BSA	Bovines Serum Albumin
CMV	Cytomegalovirus
Con A	Concanavalin A
ConA-HRP	Concanavalin A gekoppelt mit Meerrettich-Peroxidase
CTGF	*Connective Tissue Growth Factor*
conc.	konzentriert
Da	Dalton
DAPI	4´,6-Diamidin-2-Phenylindoldihydrochlorid
DMEM	*Dulbecco's Modified Eagle's Medium*
DMSO	Dimethylsulfoxid
DNA	Desoxyribonukleinsäure
dNTP	Desoxyribonukleosidtriphosphat
DOC	Desoxycholsäure (Natriumsalz)
DTT	Dithiothreitol
ECM	Extrazelluläre Matrix
EDTA	Ethylendiamintetraessigsäure
EMT	Epitheliale mesenchymale Transition
ESI-MS/MS	Elektrospray-Ionisierung Massenspektrometrie (zwei gekoppelte Massenanalysatoren)
E. coli	*Escherichia coli*
ET-I	*Endothelin*-I
Expr.	Expression
FAK	*Focal Adhesion Kinase*
FCS	*Fetal Calf Serum* (fötales Kälberserum)
FITC	Fluorescein Isothiocyanat
g	Gravitation
h	Stunde
HPLC	*High Performance Liquid Chromatography*

HRP	Meerrettich-Peroxidase
HSC	Hepatische Sternzelle
IEF	Isoelektrische Fokussierung
IP	Isoelektrischer Punkt
IPG	immobilisierter pH-Gradient
kBp	Kilobasenpaar
kD	Kilodalton
l	Liter
LB	*Lysogeny Broth*
LDS	Lithiumlaurylsulfat
M	Molarität
MALDI-TOF/TOF	Matrix-unterstützte Laser-Desorption/Ionisation (*Matrix Assisted Laser Desorption Ionisation*), zwei Kanal Massenanalysator (*Time-of-Flight*)
MFB	Myofibroblasten
min	Minute
MES	2-(N-morpholino)ethansulfonsäure
MLP	*major late minimal promoter*
MOPS	3-(N-Morpholino)propansulfonsäure
NOV	*Nephroblastoma-Overexpressed*
OD	optische Dichte
p.a.	*per analysis*
PAA-Gel	Polyacrylamid-Gel
PAGE	Polyacrylamidgelelektrophorese
PBS	phosphatgepufferte Saline
PC	Hepatozyten (*Parenchymal cells*)
PDGF-BB	*Platelet-Derived Growth Factor-BB*
PEG	Polyethylenglykol
PFA	Paraformaldehyd
RIPA	Radioimmunpräzipitations Puffer
RNA	Ribonukleinsäure
PP	Polypropylen
rhCTGF	rekombinantes humanes CTGF
rpm	*rounds per minute* (Umdrehungen pro Minute)
rrNOV	rekombinantes ratten NOV
R-Smads	*Receptor-regulated Smads*

RT	Raumtemperatur
s	Sekunden
SBE	*Smad Binding Element*
SDS	*Sodium Dodecyl Sulfate* (Natriumlaurylsulfat)
Smad	sma/Mad Gene enkodieren Proteine mit homologer Domänenstruktur und Anordnung. Sma bezeichnet die Zwergengene (‚*dwarfins*') von Caenorhabditis elegans, Mad ist die Abkürzung für das homologe Gen *Mother Against Decapentaplegic in Drosophila melanogaster*
TBE	Tris/Borat/EDTA-Pufferlösung
TRE	*TGF-β1 Response Element*
TBS	*Tris buffered saline*
TGF-β1	*Transforming Growth Factor-β1*
TMB	Tetramethylbenzidin
Tris	Tris(hydroxymethyl)-aminomethan
U	*Unit*
ÜN	über Nacht (~16h)
VT	Volumenteil(e)

1 Zusammenfassung

Die Familie der CCN-Proteine wird zurzeit von 6 Mitgliedern repräsentiert. Die namensgebenden Mitglieder sind das CYR61 (*Cysteine Rich Protein* 61, CCN1), CTGF (*Connective Tissue Growth Factor*, CCN2) und NOV (*Nephroblastoma-Overexpressed protein*, CCN3). Das prominenteste Mitglied, CTGF, wurde als ein möglicher Marker für die Diagnose fibrosierender Erkrankungen erkannt. CTGF wurde als Zielgen und als ein ‚*downstream mediator*' des TGF-β1 Signalweges beschrieben. CTGF fördert die Expression und Ablagerung der extrazellulären Matrixproteine (z.B. Kollagene) im Rahmen von Vernarbungsprozessen. Zudem steigert CTGF die Proliferationsrate z.B. von Endothelzellen. Im Gegensatz dazu wirkt NOV hemmend auf die Proliferation von Zellen, was mit einer geringeren Expression von NOV in tumorigenen und proliferierenden Zellen korreliert. Aufgrund der entgegengesetzten Wirkung bezüglich der Matrixproteinsynthese und der Expression des jeweils anderen Proteins zeigen diese Proteine eine Art Ying/Yang Beziehung *in vitro*. Zur Untersuchung von strukturellen Details sowie der biologischen Funktion beider Proteine wurden zwei Strategien verfolgt. Zum einen wurden im Rahmen dieser Arbeit stabil transfizierte HEK sowie Flp-In™ 293 Zellklone für die Expression von hCTGF etabliert. Zum anderen wurde rNOV mit Hilfe eines adenoviralen Expressionssystems (Ad-CMV-rNOV) in COS-7 Zellen überexprimiert. Die sezernierten, rekombinanten Proteine wurden aus dem Kulturüberstand der Zellen mit Hilfe von Heparin Affinitätschromatographie isoliert. Es konnten auf diese Art und Weise ausreichende Mengen beider Proteine für Strukturanalysen und funktionelle Studien aufgereinigt werden. Die Identität der beiden rekombinanten CCNs konnte durch spezifischen „Trypsin In-Gel" Verdau gefolgt von der, mit HPLC gekoppelten, ESI-MS/MS Massenspektroskopie bestätigt werden. Die totale Masse der beiden CCN-Proteine wurde durch eine MALDI-TOF/TOF Massenspektroskopie überprüft. Eine N-Glykosylierung der beiden CCN-Proteine wurde durch eine bioinformatischen Analyse vorhergesagt und konnte mit Hilfe von Glykosidasen gezeigt werden. Da beide Proteine glykosyliert werden, unterscheiden sie sich von den kommerziell verfügbaren Proteinen, die bakteriell überexprimiert wurden. Die biologische Aktivität der aufgereinigten, rekombinanten Proteine wurde zum einen anhand der unterschiedlichen Wirkung auf die Smad3-Aktivierung mit Hilfe eines spezifischen Luziferase-Reporters, $(CAGA)_{12}$-MLP-Luc überprüft. Ebenso wurde ein fördernder Einfluss von rhCTGF auf die Proliferation von EA hy 926 Zellen durch den BrdU Proliferationsassay in EA hy 926 Zellen bestätigt.

1 Summary

The family of the CCN proteins is currently represented by 6 individual members. The eponymous members are CYR61 (*Cysteine rich protein* 61, CCN1), CTGF (*Connective Tissue Growth Factor*, CCN2) and NOV (*Nephroblastoma-Overexpressed protein*, CCN3). The most prominent member of this family of proteins, CTGF, has been identified as a possible biomarker for the diagnosis of fibrotic diseases. CTGF is known as a target gene and as a 'downstream mediator' of the TGF-β1 signaling cascade. CTGF is involved into scarring process of organ tissues by stimulating the over expression and deposition of ECM proteins (i.e. collagens). It is reported that several cell types (e.g. endothelial cells) respond with proliferation after stimulating with CTGF. Another member of this family of proteins, NOV, has been shown as a first member of CCN protein family cell growth inhibiting properties and aberrantly reduced expression during tumourigenesis. The first reports suggest that these two CCN proteins are acting opposite to each other in regulating of ECM protein expression. Moreover, they also reciprocally influence their own expression *in vitro* when one of them is temporally over expressed. For the investigation of biological functions and structural details of CCN2 we have established stable transfected HEK and Flp-In™ 293 clones as productive sources for recombinant human CTGF. The overexpression of rat NOV was induced in COS-7 cells infected adenoviral vector Ad-CMV-rNOV. Both secreted and recombinant proteins were isolated from culture medium of the cells by using of heparin affinity chromatography. This method allows producing of sufficient amounts of both CCNs for structural and functional studies. The identity of purified rhCTGF and rrNOV was demonstrated by 'Trypsin In-Gel-digesting' followed by ESI-MS/MS mass spectrometry measurement of proteolytic peptides. The total mass of purified recombinant CCN proteins was further determined by MALDI-TOF/TOF mass spectroscopy. Biological activity of both proteins was demonstrated by using of a Smad3-sensitive reporter gene (i.e. $(CAGA)_{12}$-MLP-Luc) and BrdU proliferation assay in EA hy 926 cells. Treatment with specific glycosidases further revealed that both CCN proteins are N-glycosylated confirming to bioinformatical analysis of the amino acid sequence of both CCNs. Because of the N-glycosylation both CCN-proteins differ to commercially available recombinant CNN-proteins expressed in *E. coli*.

2 Einleitung

2.1 Leberfibrose

Die charakteristischen Merkmale einer Fibrose sind die übermäßige Expression von Proteinen der extrazellulären Matrix (ECM) und die Zunahme der ECM auf das 6 bis 10 fache (Gressner und Weiskirchen, 2007). Es folgt zusätzlich ein zellulärer Umbau des betroffenen Gewebes. Die umfangreichen Studien in den letzten Jahrzehnten haben die Zusammensetzung der ECM sowie die Herkunft der zellulären Komponenten des fibrotisch veränderten Gewebes aufgeklärt.

Die Schädigung der Leber beginnt zunächst in lokalen Entzündungsherden an den eintretenden Blutgefässen, wie der Leberpfortader, durch toxische oder immunologische Noxen. Bei anhaltender Schädigung nimmt die Entzündungsreaktion einen chronischen Verlauf und weitet sich auf die umliegenden Gewebeschichten der Leber aus. Im Rahmen dieses Prozesses werden Fibroblasten zu Myofibroblasten aktiviert und führen zu einer Ausweitung des interstitiellen Bindegewebes, um den Gewebsverlust durch zerstörte Leberparenchymzellen (Hepatozyten) auszugleichen (Narbenbildung). Der Ursprung der Myofibroblasten (MFB) ist je nach Leberschädigung zu differenzieren. Diese können durch die Epitheliale-Mesenchymale Transition (EMT) aus Gallengangsepithelzellen (Cholangiozyten) oder Hepatozyten entstehen. Zudem wurde die Aktivierung von portalen Fibroblasten und HSC, die im Disse-Raum lokalisiert sind, als Rekrutierungsursprung beschrieben. Die neuesten Untersuchungen zeigen aber auch, dass das Knochenmark ein Ursprungsort von Myofibroblasten aus pluripotenten Stammzellen ist (García-Bravo *et al.*, 2009). Die Leberfibrose wird durch die Ablagerung von Proteinen der ECM wie Kollagen, Proteoglykanen sowie Hyaluronsäure in den Disse-Raum charakterisiert. Die exzessive Ablagerung von ECM im Disse-Raum zwischen den Hepatozyten und Lebersinusoiden wirkt durch die veränderte Mikrostruktur der ECM als eine Diffusionsbarriere. Die Durchlässigkeit der ECM nimmt durch die Veränderung der Hydroxylierung von Prolin- sowie Lysinresten des Kollagens, die Konfiguration der Zuckerketten von Glykoproteinen und dem Sulfinierungsstatus der Seitenketten von Glykosaminoglykanen, ab. Die damit einhergehende Verzögerung der Diffusion von Substanzen zwischen den Hepatozyten und dem Lebersinusoid führt letztendlich auch zum Niedergang von Hepatozyten. Die Ablagerung der ECM geht natürlich mit der Überexpression von spezifischen, fibrogenen Wachstumsfaktoren wie *Transforming Growth Factor*-β (TGF-β), *Platelet-Derived Growth*

Factor (PDGF), *Endothelin*-I (ET-I) und *Insulin-Like Growth Factor-I* (IGF-I) einher. Die Expression von Thrombospondin führt zu einer Reduzierung der Angiogenese im entstehenden Narbenbereich und dadurch zu einer Verringerung des Austauschs der Stoffwechselprodukte im umliegenden Parenchym. Die Erhöhung des Perfusionswiderstands in der Endphase der Leberfibrose, der Leberzirrhose, führt zur Ausbildung von Umgehungskreisläufen und Erhöhung des portalvenösen Drucks.
Der normale Ablauf der Leberregeneration endet nach den Erkenntnissen der letzten Jahre mit der Expansion der Parenchymzellen aus dem umliegenden, ungeschädigten Gewebe. Die Antigen-präsentierenden Zellen können aber auch unter geeigneten Bedingungen zu Vorläufer-Endothelzellen sowie Hepatozyten differenzieren (Kordes *et al.*, 2007). Eine fortwährende Schädigung des Lebergewebes verursacht einen chronischen Charakter der Vernarbung und wirkt der großen Regenerationsfähigkeit der Leber entgegen. Die Expression des CTGF ist eine zelluläre Antwort auf die Stimulation durch aktive Form von TGF-β.

2.2 *Profibrotische Wachstumsfaktoren*

2.2.1 *Transforming Growth Factor beta* (TGF-β1)

TGF-β1 ist ein Mitglied der TGF-β-Superfamilie, welche viele zelluläre Vorgänge reguliert. Zu diesen Prozessen gehören die Proliferation, Differenzierung, Adhäsion, Zellzyklus, Nerven– und Knochenwachstum. Die TGF-β-Superfamilie ist insbesondere an den Wundheilungsprozessen sowie der Immunantwort des betroffenen Gewebes beteiligt (Kingsley, 1994; Hogan, 1996; Massague, 2000; Attisano und Wrana, 2002; Chang *et al.*, 2002). Die Mitglieder der TGF-β-Superfamilie sind strukturell verwandte Zytokine, die in dimerer Form vorliegen, und von der Zelle zunächst als ein inaktives Präproprotein sezerniert werden (Leask und Abraham, 2004). Der große latente TGF-β1-Komplex (*large latent TGF-β-complex*) besteht aus der latenten TGF-β1 Form verbunden über Cysteinreste mit dem LAP (*latency associated peptide*) und dem LTBP (*large TGF-β1 binding protein*). In diesem Komplex ist TGF-β1 nicht in der Lage eine Interaktion mit den TGF-Rezeptoren einzugehen. Der latente TGF-β1-Komplex liegt überwiegend in der ECM vor, die kovalente Quervernetzung mit den ECM-Proteinen und LTBP erfolgt über die Transglutaminase. Die Aktivierung des latenten TGF-β1 erfolgt über die proteolytische Spaltung der carboxy-terminalen Proregion von LTBP durch Matrix Metalloproteinase-2

(MMP-2) und MMP-9. Weitere Aktivatoren von TGF-β1 sind TSP-1 (Thrombospondin-1) und Integrin $\alpha_V\beta_6$ (Frazier, 1991; Leask and Abraham, 2004). Die Freisetzung von TGF-β1 aus dem latenten TGF-β1-Komplex kann auch durch Reduktion der Disulfidbrücken zwischen TGF-β1 und LAP, und LTBP erfolgen. Die Signalweiterleitung von TGF-β1 erfolgt über einen heterotetrameren Rezeptor-Komplex, bestehend aus TGF-β Rezeptor I (TGFβRI) und Rezeptor II (TGFβRII) (Abbildung 4). Die beiden Rezeptor-Monomere, TGFβRI und TGFβRII, sind strukturell verwandte, Serin/Threoninkinasen. Die Rezeptoren umfassen eine kurze, cysteinreiche extrazelluläre Domäne, eine hydrophobe Transmembrandomäne sowie eine intrazelluläre Kinase Domäne (Derynck, 2003; ten Dijke *et al.*, 2004). Während die TGFβRII-Kinase konstitutiv aktiv ist, wird die TGFβRI-Kinase erst nach Rekrutierung in den TGF-β1/ TGFβRII-Komplex und nachfolgender Transphosphorylierung durch TGFβRII aktiviert. Ohne Ligandeninteraktion liegen TGFβRI und TGFβRII Rezeptoren als Homodimere in der Zellmembran vor. Nach der Bindung von TGF-β an TGFβRII bilden sie einen heterotetramerer Komplex. Die Serinreste der GS-Domäne werden durch die konstitutive Kinase des Rezeptor II phosphoryliert (Wrana *et al.*, 1994). Die Interaktion von TGF-β1 mit CTGF hat wahrscheinlich eine verstärkende Bindung von TGF-β1 an den heterotetrameren Rezeptor-Komplex zur Folge. Das TGF-β1 nutzt mehrere bekannte Signalkaskaden zum Zellkern durch die Bindung an seinen Rezeptor. Die wichtigste Signalkaskade verläuft über den direkten Smad3/4 Signalweg.

2.2.2 *Platelet-Derived Growth Factor BB* (PDGF-BB)

Die Familie der PDGF Proteine wird zu den VEGF (Vascular *Endothelial Growth Factor*) Proteinen gerechnet und umfasst vier Mitglieder PDGF-A, PDGF-B, PDGF-C und -D. Die PDGF Proteine wurden als Wachstumsfaktoren im Wachstumsmedium von Fibroblasten, glatten Muskelzellen sowie Gliazellen nachgewiesen (Ross *et al.*, 1974) und werden bei Verletzungen von den Blutplättchen sezerniert. Die PDGF Proteine liegen nativ als Dimere vor, Monomere sind durch eine Disulfidbrücke verbunden. Mitglieder dieser Proteinfamilie sind an vielen Vorgängen wie der zellulären Differenzierung und embryonalen Entwicklung beteiligt. Die Expression von PDGF-BB sowie PDGF-AA kann bei fibrotischen Erkrankungen verstärkt festgestellt werden. Die Expression der entsprechenden PDGF Rezeptoren α und β scheint eine entscheidende Rolle bei EMT (Entstehung von Myofibroblasten, siehe oben) und Ausbildung einer Fibrose zu spielen. PDGF-BB hat eine sehr starke mitogene und chemotaktische Eigenschaft auf die Endothelzellen. Die Signaltransduktion von PDGF und den entsprechenden Rezeptoren läuft unter Anderem über den Ras/MEK/ERK Signalweg. In der Leber wurde die Expression von PDGFR-β (PDGF Rezeptor β) in aktivierten HSC durch die *Kupffer* Zellen nachgewiesen (Friedman und Arthur, 1989). TGF-β1 induziert die Expression von PDGF-BB in Epithelzellen (Bronzert et al., 1990).

2.2.2.1 Smad Signal Weg

Die Smad Protein Familie ist ursprünglich in *Drosophila melanogaster* identifiziert worden. Diese Proteine sind während der embryonalen Entwicklung an der dorso-ventralen Polarisierung der Embryonen verantwortlich. Die Terminologie SMAD leitet sich von den Orthologen Proteinen aus Drosophila *„Mothers Against Decapentaplegic"* (MAD) und *Caenorhabditis elegans* SMA ab. Diese Proteinfamilie spielt neben den MAP-Kinasen eine zentrale Rolle in der TGF-β Signaltransduktion.

Die Smads werden in drei funktionelle Gruppen eingeteilt. Die Rezeptor-aktivierten Smads (R-Smads) umfassen die TGF-β regulierten Smads, Smad2 und Smad3, sowie die BMP regulierten Smads, Smad1, Smad5 und Smad8. Sowohl die TGF-β- als auch die BMP-Smads interagieren mit dem *common*-Smad, Smad4, und translozieren als Komplex in den Zellkern zur Regulation von Zielgenen. Nach der Bindung von TGF-β1-Dimeren an den heterooligomeren Rezeptor Komplex wird TGFβRI aktiviert, der daraufhin Smad3 phosphoryliert (Abdollah *et al.*, 1997). Das phosphorylierte Smad3 bindet anschließend an Smad4 und der resultierende Komplex migriert in den Zellkern und interagiert dort mit SBE (*Smad Binding Element*) und den basalen Transkriptionsfaktoren, welche an TFBE (*Transcription Factor Binding Element*) binden. Smads regulieren selbst Genexpression und stellen zentrale Integrationsschnittstellen dar, indem deren Funktion durch verschiedene weitere Signalkaskaden gesteuert wird (Attisano und Wrana, 2002). Die Interaktion des Smad-Komplexes mit weiteren Transkriptionsfaktoren - Coaktivatoren sowie Co-Repressoren - im Zellkern ermöglicht die Differenzierung diverser TGF-β-Zielgene in einer Zeit- und zellspezifischen Weise (ten Dijke, 2004). In *in vitro* Studien wurde in Fibroblasten gezeigt, dass Smad3 notwendig ist für die TGF-β1 vermittelte Expression von ECM-Proteinen wie Kollagen und CTGF (Holmes *et al.*, 2001; Phanish *et al.*, 2006).

2.2.2.2 Ras/MEK/ERK Signal Kaskade

Die Aktivierung von profibrotischen Genen durch die TGF-β/Smad Signalkaskade unterliegt einer strikten Kontrolle durch MAP-Kinasen. In Epithelial- und Mesangialzellen sowie Fibroblasten führt die TGF-β1 Stimulation zu einer transienten Induktion der Ras/MEK/ERK Signalkaskade. Die Beteiligung der MAP-Kinasen sowohl an der Expression als auch an der Signaltransduktion von CTGF wurde durch die Inhibition von Ras, MEK oder ERK1/2 überprüft. Die Inhibition der vorangenannten MAP-Kinase bestätigte deren Beteiligung an der Expression von CTGF und der, durch CTGF, vermittelten Migration von HCE (*Human Corneal Epithelial*) Zellen (Secker *et al.*, 2008). Die Ras/MEK/ERK MAP-Kinase Signalkaskade kann Smad-unabhängig als auch Smad-abhängig TGF-β-Antworten vermitteln. Im letzteren Fall kann die Smad Aktivität durch MAP-Kinase induzierte Phosphorylierung der *Smad Linker*-Region moduliert werden. Der Effekt dieser Modifikation, unterstützend oder hemmend, ist vom Zelltyp abhängig. Die oben genannten Untersuchungen der Signalwege über den Ras/MEK/ERK Signalweg erfolgten in Epithelzellen im Rahmen von Vernarbungsprozessen (Mulder, 2000; Secker et. al., 2007). Die TGF-β1 vermittelte Induktion der CTGF-Expression führt zu einer Verstärkung des profibrotischen TGF-β1-Antwort. Die CTGF vermittelte Signaltransduktion läuft wahrscheinlich über die Integrin Signalkaskade ab. CTGF bindet dabei mit Hilfe der TSP-Domäne an die Integrine $\alpha_6\beta_1$ sowie über den C-terminalen cysteinreichen Knoten (CT-Knoten) an Proteoglykane (Gao und Brigstock, 2004). Die β-Untereinheit der Integrine aktiviert nach der Bindung von CTGF die MAP-Kinase Signalkaskade über FAK (*Focal Adhesion Kinase*) und verstärkt die TGF-β1 vermittelte profibrotische Signaltransduktion (Abbildung 4).

2.3 *CTGF und NOV in der CCN-Familie*

CTGF und NOV sind Mitglieder der Familie der CCN-Proteine. Das Akronym CCN wurde 1993 durch P. Bork geprägt, um die ersten drei Mitglieder der Familie *Cysteine Rich protein* 61 (<u>C</u>YR61, CCN1), *Connective Tissue Growth Factor* (<u>C</u>TGF, CCN2) und *Nephroblastoma Overexpressed protein* (<u>N</u>OV, CCN3) zu organisieren. Die Stimulation der Proliferation von Zellen durch CCN1 und CCN2 wurde zuerst als mögliche Funktion der CCN-Familie angenommen (Lau, 1999). Weitere Untersuchungen zeigten jedoch, dass die CCN-Proteine eine Vielzahl von Funktionen in der Wundheilung, Proliferation,

Angiogenese und Tumorgenese haben (Holbourn *et al.*, 2008). Außerdem wurde der Einfluss auf die Matrixsynthese sowie die Zellmigration zum Wirkungsspektrum der CCN-Proteine gezählt. Dabei wurden die Mitglieder anhand ihrer chronologischen Entdeckung durchnummeriert (CCN1 bis CCN3) (Gupta *et al.*, 2001).

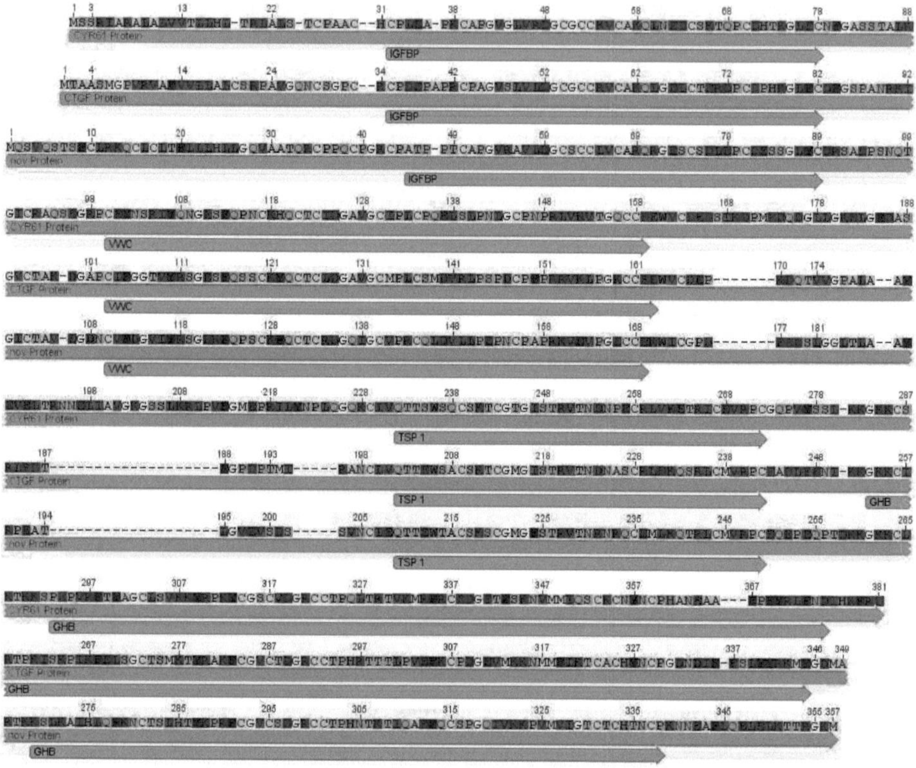

Abbildung 1 Vergleich der Aminosäuresequenz der drei namensgebenden CCN-Proteine. Es zeigt sich, dass vor allem die strukturbildenden Aminosäurenreste, wie Cystein (C) stark in den CCN-Proteinen konserviert und in den entsprechenden Domänen lokalisiert sind. Die charakteristischen und konservierten Domänen der CCN-Proteine sind: IGFB (*Insulin-like Growth Factor Binding protein*), VWC (*von Willebrand Faktor Typ C Motiv*), TSP (Thrombospondin-like binding protein) sowie GHB (*glycoprotein hormone beta-chain homologous*, auch CT-Domäne). Diese Struktur erlaubt die Bindung von einer Vielzahl von Proteinen insbesondere der ECM Proteine und Wachstumsfaktoren und spielt wahrscheinlich eine wichtige Rolle für die Funktion der CCN-Proteine.

Die Familie der CCN-Proteine wurde bisher um 3 zusätzliche Mitglieder erweitert, Wnt induced secreted protein-1, 2 und 3 (WISP-1, -2 und -3). Die CCN-Proteine sind durch ihre Struktur- sowie Sequenzhomologien zu einer eigenen Gruppe von Proteinen zusammengefaßt worden. Kennzeichnend für die Mitglieder der CCN-Familie ist ihr modularer Aufbau bestehen aus 4 funktionellen Domänen sowie einem N-terminalen Signalpeptid (Brigstock *et al.*, 2003). Die einzelnen Domänen wurden charakterisiert durch ihre regulatorische Wirkung auf Effekte von Wachstumsfaktoren, vermittelt durch die Bindung der Faktoren an die einzelnen CTGF-Domänen. Die CCN-Proteine teilen etwa 30 bis 50% der Sequenzidentität untereinander (Abbildung 1). CTGF besitzt 43% Sequenzidentität zu CYR61 und 44% zu NOV. Die Positionen der 38 Cysteinreste sind in allen CCN-Proteinen konserviert. CTGF besitzt noch einen zusätzlichen Cysteinrest in der C-terminalen Domäne (CT-Domäne). Die IGFBP-Domäne konkuriert um die Bindung von Wachstumsfaktoren mit dem löslichen Teil des *Insulin-like growth factor* Rezeptors. Die VWC-Domäne hat eine Bindaktivität gegenüber den Mitgliedern der TGF-β Familie sowie den Integrinen. Die TSP-Domäne hat eine Bindeaffinität für Kollagen Typ V, Fibronectin, Integrine, TGF-β sowie *Low density lipoprotein receptor-related protein 1* (LRP1). Die CT-Domäne, die auch als C-terminaler cysteinreicher Knoten bezeichnet wird, hat eine bindende Eigenschaft für LRP1, Integrine, Notch I, Fibulin C1 und die *Heparan Sulfate Proteoglican* (HSPG) Proteine. Die einzelnen Domänen finden sich in allen Mitgliedern der CCN-Familie wieder, mit einer Ausnahme, dem CCN5. In diesem fehlt die endständige, cysteinreiche CT-Domäne.

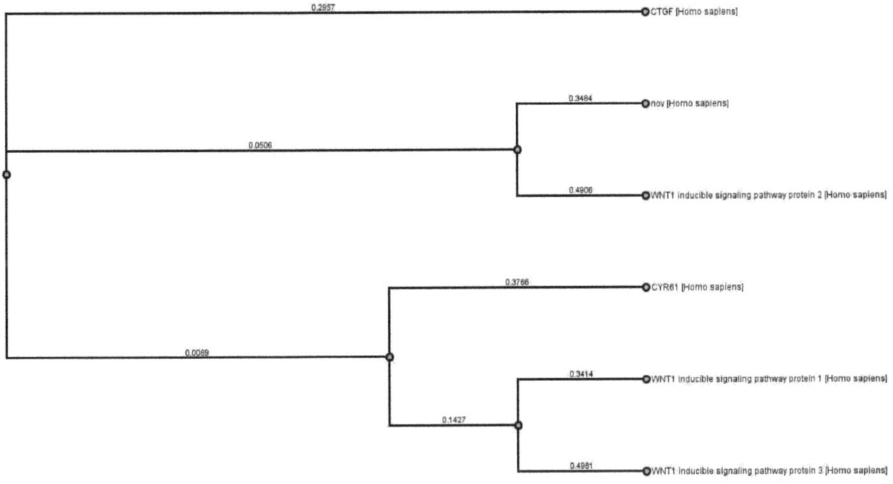

Abbildung 2 Phylogenetischer Vergleich der Mitglieder der CCN-Familie. Evolutionär nächste Proteine sind durch die kleinste Anzahl von Gabelungen sowie Länge der Äste von einander entfernt. Es zeigt sich, dass CTGF zu CYR61 (0,6792) und NOV (0,6947) die kleinsten phylogenetischen Unterschiede hat. (Software: Geneious Basic 5.0.2)

Ein kurzer und sehr variabler Sequenzabschnitt befindet sich direkt nach der VWC Domäne. Die Variabilität dieser Übergangssequenz variiert nicht nur bezüglich der

Zusammenstellung der Aminosäurereste sondern auch in der Länge dieses Abschnitts (Abbildung 5). Eine weitere Besonderheit sind die verbindenden Sequenzabschnitte zwischen den einzelnen Domänen der CCN-Proteine. Diese Regionen sind anscheinend sehr anfällig für proteolytischen Verdau durch die MMPs (Metalloproteinasen) (Perbal, 2001). Zusätzlich zu dieser posttranslationalen Modifikation zum Beispiel des CTGF wurden Spleißvarianten von CYR61 beschrieben. Demzufolge ist derzeit nicht definitiv zu klären auf welchem Mechanismus das Auftreten von unterschiedlich großen Proteindomänen des CTGF in Körperflüssigkeiten beruht. Die Bindungseigenschaften der TSP- und der CT-Domäne vermitteln anscheinend die Bindung von Proteinen der ECM wie z.B. Proteoglykane und unter anderem von Heparin. Die Bindung an Heparin wurde für die Aufreinigung der rekombinanten CTGF- und NOV-Proteine ausgenutzt. Die Vielfalt der Eigenschaften und regulatorischen Wirkungen der CCN Mitglieder geht zum einen aus ihrem modularen Aufbau hervor. Die Domänen können durch ihre Bindeeigenschaften mit den spezifischen Rezeptoren der unterschiedlichen Wachstumsfaktoren, Membranproteinen und extrazellulären Matrixproteinen konkurrieren. Die Wirkung der einzelnen Mitglieder ist aber von unterschiedlicher Natur. CTGF hat eine direkte und verstärkende mitogene Wirkung, wohingegen NOV durch seine proliferationshemmenden Eigenschaften eine entgegengesetzte Aktivität besitzt (Brigstock, 1999).

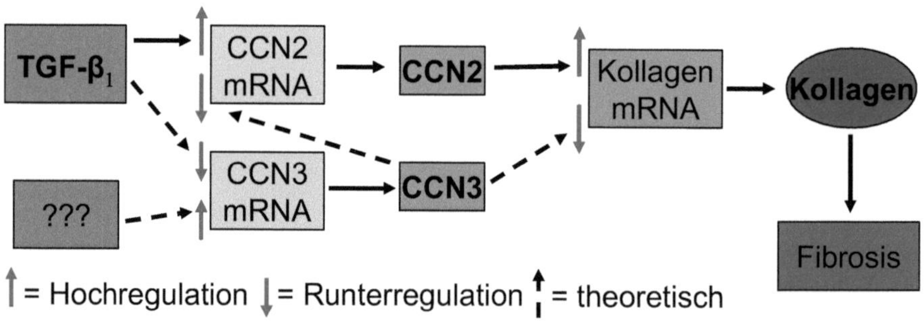

Abbildung 3 Theoretische Regulation der CTGF- (CCN2) und Kollagen-Expression durch TGF-β1 und NOV während der Fibrose. In der schematischen Darstellung sind die experimentell gesicherten sowie die hypothetischen Regelkreise zusammengefasst, die zur Expression von ECM und zur Entwicklung der Fibrose führen, dargestellt. Gestrichelte Pfeile stellen theoretische Signalwege dar. Die Pfeile stellen den jeweiligen Effekt auf das Zielmolekül der Signalkaskade dar (positiv: Hochregulation oder negativ: Herunterregulation). Derzeit sind die Faktoren, welche zur NOV (CCN3) Induktion führen unbekannt. Adaptiert nach Riser *et al.*, 2009.

Die direkte, TGF-β1 vermittelte Überexpression von CTGF ist in mehreren Zelltypen, wie zum Beispiel Fibroblasten, bekannt (Abraham *et al.*, 2000). Über die möglicherweise antifibrotische Wirkung von NOV wird derzeit diskutiert (Riser *et al.*, 2009). Es ist unklar durch welchen Faktor die Expression von NOV aktiviert wird. Der Promoter von NOV enthält im Gegensatz zu CTGF kein TGF-β1 *Response Element* (Perbal, 2001).

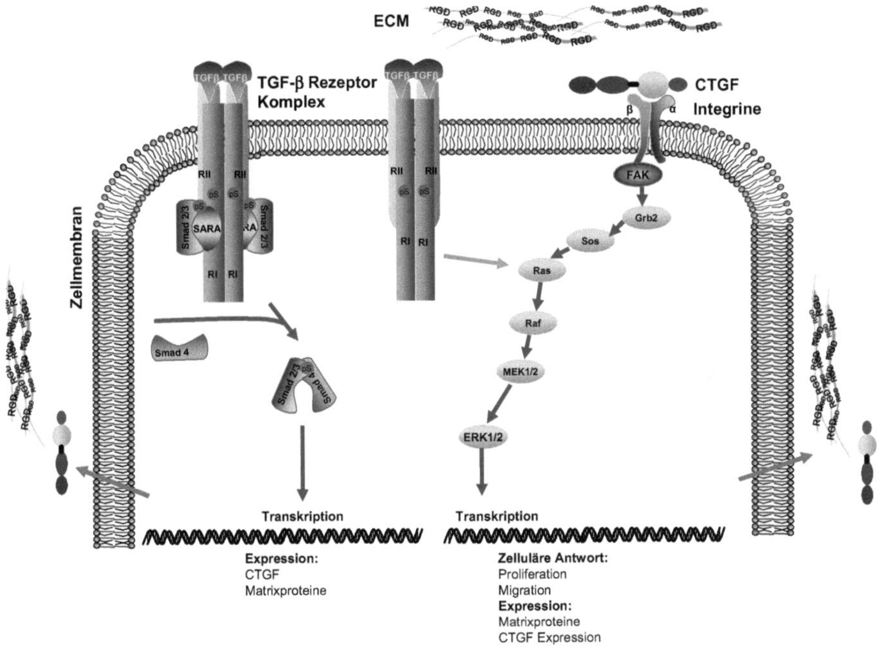

Abbildung 4 Verstärkung der TGF-β1 vermittelten, profibrotischen Signalkaskade durch CTGF. Die Überexpression von CTGF und Matrixproteinen wie Kollagen wird durch TGF-β1 vermittelte Smad3 Aktivierung sowie durch MAP-Kinasen ausgelöst. Die Bindung von CTGF an die Integrine mit den Integrinbindestellen in der VWC, der TSP-1 sowie der CT-Domäne aktiviert die MAP-Kinasen Signalkaskade über FAK (Guan, 2010; Walsh *et al.*, 2008; Holbourn *et al.*, 2008). Dadurch verstärkt sich die profibrogene Wirkung von TGF-β1 in Anwesenheit von CTGF. Die RGD-Erkennungssequenz für Integrine verbindet das intrazelluläre Cytoskelett mit der ECM. Pfeile stellen die Sekretion der Zielgen-Produkte durch die Zellmembran dar. Abkürzungen: FAK (*Focal Adhesion Kinase*), SARA (*SMAD anchor for receptor activation*)

Ein entsprechender CTGF-Rezeptor ist bislang nicht identifiziert worden. CTGF interagiert aber mit den Proteinen der ECM wie Proteoglykanen über den CT-Knoten und Intergrinen über die TSP-Domäne (Gao und Brigstock, 2004). Untersuchungen von CYR61 (CCN1) haben ergeben, dass dieses CCN-Protein auch eine Bindungsaffinität für eine Reihe von Intergrinen besitzt und wahrscheinlich durch diesen Mechanismus Signale von der Zellmembran zum Zellkern weiterleitet. Die Aktivierung dieser Signalkaskade verläuft über die Integrine, welche eine Interaktion mit CCN-Proteinen über deren VWC-, TSP-1 und

CT-Domäne eingehen und über die FAK-Aktivierung die MAP-Kinase Signalkaskade auslösen (Walsh *et al.*, 2008). Die theoretische Verstärkung des TGF-β1 vermittelten profibrotischen Effekts durch CTGF ist in der Abbildung 4 zusammengefasst.

2.3.1 CTGF (CCN2)

CTGF wurde 1991 von Bradham als ein sezernierter Wachstumsfaktor in konditioniertem Medium von den menschlichen Nabelschnur-Endothelzellen (HUVEC) identifiziert. Humanes CTGF wurde mit Antiserum gegen PDGF-BB isoliert und zunächst als ein Chondrozyten-spezifisches Genprodukt bezeichnet (Brigstock, 1999; Perbal, 2001). Die Expression des 36-38 kDa großen Proteins ist abhängig vom jeweiligen Zelltyp. CTGF besteht aus 349 Aminosäuren, von denen 38 hoch konservierte Cysteinreste sind, welche fast 10% der gesamten Aminosäurereste ausmachen. Dieses Merkmal ist sehr typisch für Wachstumsfaktoren z.B. der TGF-β Familie. Die Induktion der CTGF Überexpression lässt sich in Fibroblasten aber nicht in den Keratinozyten durch eine TGF-β Stimulation erreichen (Abraham *et al.*, 2000).

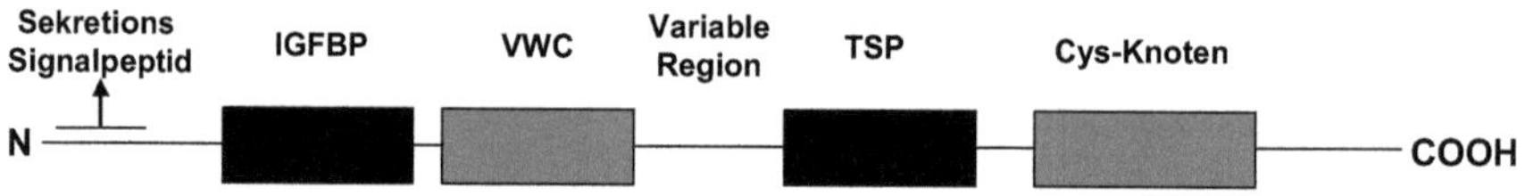

Abbildung 5 Die modulare Struktur von CTGF (CCN2) repräsentativ für die CCN-Familie der Proteine. N-terminal befindet sich ein Sekretions-Signalpeptid. Darauf folgen die IGFBP-, VWC-, TSP- sowie C-terminal ein cysteinreicher Knoten (Cys-Knoten, CT-Domäne). Zwischen der VWC- und TSP-Domäne der CCN-Proteine befindet sich eine Region mit einer variablen Aminosäurensequenz.

Das Interesse an CTGF wurde durch die Beobachtung geweckt, dass eine stark gesteigerte Expression von CTGF bei vielen fibrotischen Erkrankungen wie Sclerodoma, Nieren- und Leberfibrose nachzuweisen ist (Abraham *et al.*, 2000; Holmes *et al.*, 2001; Leask *et al.*, 2001). CTGF kann daher als ein profibrotischer Marker für die Entstehung sowie die Manifestation der Organfibrose dienen (Chen *et al.*, 2001; Cheng *et al.*, 2006). Es wird als profibrogener Faktor, welcher den profibrotischen Effekt von TGF-β1 vermittelt, bezeichnet (Sánchez-López *et al.*, 2009). CTGF stimuliert die Expression von den Proteinen der ECM, wie zum Beispiel Kollagen Typ I, und fördert die Proliferation in unterschiedlichen Zelltypen (Blaney Davidson *et al.*, 2006). Mit Cycloheximid behandelte primäre, humane Vorhautfibroblasten zeigten nach einer TGF-β1 Stimulation eine erhöhte

Expression der CTGF mRNA. Dieser Versuch zeigte, dass trotz der Translationsblockade eine *de-novo* mRNA Expression von hCTGF angeregt werden konnte, was ein Merkmal von *immediate early* Genprodukten ist. Die *immediate-early* Genexpression kann durch Serum oder Wachstumsfaktoren angeregt werden. Die Produkte der *immediate-early* Gene spielen wahrscheinlich eine wichtige Rolle bei der Kontrolle der zellulären Proliferation (Igarashi *et al.*, 1993). Schon eine Stimulationdauer mit TGF-β1 von einer Stunde reichte bei humanen Fibroblasten aus, um die Transkription des CTGF-Gens über einen Zeitraum von 36 h zu aktivieren (Grotendorst, 1997). Die Menge an CTGF mRNA entspricht nicht der tatsächlichen, exprimierten Menge des Proteins. Es hat sich in der Arbeit von Barrientos (2008) gezeigt, dass CTGF die endotheliale Proliferation, Migration, das Überleben und die Adhesion während der Angiogenese bewirkt. Eine Expression von CTGF ist unter anderem auch in mechanisch beanspruchten Geweben zu beobachten (Chaqour und Goppelt-Struebe, 2006). Wie bereits oben erwähnt, kann die Expression von CTGF direkt durch TGF-β1 stimuliert werden. Es befindet sich dafür ein besonderes TGF-β1 *response element* (TRE) in der Promoterregion von CTGF (Holmes *et al.*, 2001; Arnott *et al.*, 2008). Es befindet sich außerdem ein funktionelles *Smad-binding Element* (SBE) zwischen den Nukleotiden -173 und -166 des CTGF Promoters mit der Sequenz CAGACGAA (Holmes *et al.*, 2001). Weitere Arbeiten haben gezeigt, dass die konstitutive CTGF Expression in Fibroblasten durch den Ets-1 Transkriptionsfaktor gesteuert wird. Die Aktivität von Ets-1 wird wiederum durch *specificity protein1* (Sp1) reguliert (Holmes *et al.*, 2003; van Beek *et al.*, 2006). Ein weiteres Kontrollelement im CTGF Promoter, das Endothelin *response element*, welches die Expression von CTGF über den Ras/MEK/ERK Signalweg in Fibroblasten steuert konnte ebenfalls identifiziert werden (Xu *et al.*, 2004). ET-1 ist ein, an der Pathogenese der Lungen- und Leberfibrose beteiligtes endotheliales, vasokonstriktorisches Peptid (Shi-Wen *et al.*, 2006). Mit Hilfe von CTGF-defizienten *Knock-out* Mäusen konnte gezeigt werden, dass CTGF eine wichtige Rolle während der Embryogenese spielt. Das Fehlen von CTGF in der Frühphase der embryonalen Entwicklung führt zu einer Abnahme der Expression von ECM-Proteinen sowie einer reduzierten Chondrozytenproliferation mit der Folge der skeletalen Missbildung (Smerdel-Ramoya *et al.*, 2008). Die Folge ist eine fehlende Ossifikation des Rippenknorperls und ein defektes Matrixremodelling (Ivkovic *et al.*, 2001; 2003). Die TGF-β1 vermittelten Wundheilungsprozesse werden im Hautgewebe durch CTGF verlängert und verstärkt. Die Sekretion von CTGF erfolgt mit Hilfe des Golgi Apparats. Nach dem Internalisieren des extrazellulären CTGF erfolgt der endosomale Abbau. Tunicamycin inhibiert die GlcNAc-Phosphotransferase (GPT), so dass die N-Glykosylierung zum Beispiel von CTGF blockiert wird. Die fehlende N-abhängige Glykosylierung hat aber keinen Effekt auf den Export von CTGF aus den Golgi Vesikeln. Weitere Untersuchungen haben außerdem ergeben, dass sich die N-Glykosylierungsregion zwischen den Aminosäureresten 23 und 37 nicht in dem CTGF der Ratte wiederfindet (Chen *et al.*, 2001). Demnach ist die N-Glykosylierung anscheinend nicht notwendig für die Sekretion von CTGF. Dagegen führt eine einzelne Punktmutation von Cystein-34 zu Alanin zur Verhinderung des Transfers von CTGF in den Golgi Apparat, was möglicherweise aber durch Konformationsänderungen zu begründen ist. Die Signalweiterleitung der CTGF Stimulation kann von der Zellmembran zum Zellkern über die Intergrine und HSPG (heparin sulfate proteoglycans) als mögliche Interaktionspartner von CTGF, ablaufen (Abbildung 4) (Chen *et al.*, 2004). Die Sekretion von unterschiedlich großen CTGF-Proteinen kann nicht nur durch unterschiedliche Spleißformen begründet sein, sondern auch durch limitierte Proteolyse von CTGF oder durch ein unterschiedliches Glykosylierungsmuster entstehen.

2.3.2 NOV (CCN3)

Nephroblastoma-Overexpressed-protein (NOV, CCN3) wurde als drittes Mitglied der CCN-Familie von Proteinen entdeckt. Das Protein wurde zuerst als überexprimiertes Protein in den Zellen bestimmter Krebsarten wie dem Wilms Tumors (Nephroblastoma) identifiziert. Die erste Beschreibung von NOV basierte auf dessen Überexpression in Nephroblastomas von Eintagsküken (*Gallus gallus*) nach Infektion mit dem Myeloblastis-assozierten Virus Typ 1 (MAV-1) (Joliot *et al.*, 1992). Das Virus wurde durch die Rekombination von AMV (Avian Myeloblastosis Virus) in den primären Hühnerembryofibroblasten (CEF), welche mit der DNA aus den Myeloblasten der Haushuhn Leukämie transfiziert waren, erzeugt (Perbal *et al.*, 1985).
Humanes NOV besteht aus 357 Aminosäureresten und hat eine 44%ige Sequenzidentität mit CCN2 (CTGF). Die modulare Struktur von NOV als Mitglied der CCN-Proteine ist hoch konserviert im Vergleich mit CTGF und CYR61 (Abbildung 1). NOV war das erste Mitglied der CCN-Familie mit proliferationshemmender Wirkung auf Zellen. Die Überexpression von NOV in Melanomazellen schwächt deren invasive Eigenschaften durch eine Verminderung der Transkription und Aktivierung der Matrix Metalloproteinase ab (Fukunaga-Kalabis *et al.*, 2008). Für die CCN-Familie war es eine zunächst einzigartige Eigenschaft, dass NOV als Protoonkogen verglichen mit CYR61 und CTGF gegensätzliche Eigenschaften hat. Weitere Untersuchungen ergaben, dass die mRNA Menge von NOV deutlich höher in den ruhenden Zellen als in den mitogen-stimulierten

und proliferierenden Zellen ist (Perbal 1994; Scholz *et al.*, 1996). Im NOV-Promoter findet sich im Gegensatz zum CTGF-Promoter kein Smad oder TGF-β1 responsives Element. (Martinerie *et al.*, 1994; Ying und King, 1996). Die Aktivität von humanem NOV wird durch die suprimierende Wirkung von Wilms-Tumor Suppressorgen-1 (WT-1) reguliert. Es findet sich auch eine WT-1 Erkennungssequenz im NOV-Promoter, welche aber nicht allein für die Repression von NOV verantwortlich ist (Martinerie *et al.*, 1996; Chevalier *et al.*, 1998). CCN3 fördert die pro-angiogene Aktivität in vaskulären Endothelzellen über die Integrinrezeptoren (Lin *et al.*, 2005). Es konnte auch eine, durch die NOV-Expression hervorgerufene, Neovaskularisierung *in vivo* nachgewiesen werden (Lin *et al.*, 2003). Zudem zeigte sich, dass die Überexpression von NOV in Gliomazellen zu einer Proliferationshemmung führen kann (Gupta *et al.*, 2001; Benini *et al.*, 2005). Weitere Untersuchungen haben ergeben, dass in Mesangialzellen die NOV-Expression durch PDGF-BB gesteuert wird. Eine PDGF-BB oder PDGF-DD Stimulation der Zellen führt zu einer deutlichen Abnahme der NOV mRNA (van Roeyen *et al.*, 2008). Die inhibierende Wirkung von NOV auf die ECM Expression sowie Zellproliferation stellt vielleicht eine interessante Erkenntnis für die Therapie von fibrotischen Erkrankungen dar.

2.4 Expression rekombinanter Proteine

Die Glykosylierung von rekombinanten Proteinen kann einer der entscheidenden Faktoren für deren biologische Aktivität sein. Für funktionelle Untersuchungen erfolgt meist die Produktion vieler eukaryontischer Proteine durch die Expression in Bakterien. Die Vorteile dieser Methode ist die schnelle und vor allem kostengünstige Möglichkeit zur Produktion größerer Mengen an gewünschtem Produkt. Es bestehen aber verschiedene Probleme bei der Erzeugung der Proteine in einem prokaryontischen Expressions-System, wie zum Beispiel die korrekte Faltung sowie biologische Aktivität der heterolog exprimierten eukaryontischen Proteine. Die Bildung der Disulfidbrücken erfolgt in Bakterien (*E. coli*) im periplasmatischen Enzymsystem mit Hilfe der Katalyse durch Dsb-Proteine. Da dies nur auf dem vorwiegend oxidativen Weg geschieht, entstehen häufig in rekombinanten, eukaryontischen und cysteinreichen Proteinen Fehlfaltungen. Das DsbC-Protein, welches ein Enzym mit Isomerase-Aktivität darstellt, sorgt für die Korrektur der fehlerhaften Disulfidbrücken. Die Aktivität des Enzyms reicht aber bei Proteinen mit hohen Cysteinanteilen nicht aus, um alle Fehlfaltungen zu korrigieren. Die Überexpression führt daher oft zur Bildung von Proteinen mit einer nicht-nativen Konformation in den sogenannten *Inclusion Bodies*. In bakteriellen Zellen sind die Chaperonsysteme wie DanK oder GroEL exprimiert. Diese können vorübergehend eine Interaktion mit fehlgefalteten Proteinen eingehen und deren Rückfaltung in die native Form unter ATP Verbrauch einleiten. Aufgrund der großen Menge an eukaryontischen Proteinen sind diese Systeme allerdings überfordert. Ein weiteres Problem stellen die sekundären, posttranslationalen Modifikationen von Proteinen wie zum Beispiel die Phosphorylierung und die Glykosylierung dar. Diese fehlt in den prokaryontischen Organismen. Die sekundären Modifikationen können in der Signaltransduktion von Proteinen eine wichtige Rolle spielen. Die Untersuchungen der Funktionen von eukaryontischen Proteinen sollten daher mit aufgereinigten, nativen Proteinen erfolgen, die in einem eukaryontischen Zellsystem exprimiert wurden. Der größte Nachteil des eukaryontischen Expressionssystems ist seine Kapazität. Die Produktion erfolgt meistens in adhärenten Zelllinien, wodurch die Zellmenge pro mm^3 deutlich geringer ist als in bakteriellen Kulturen. Die deutlich langsamere Proliferation der eukaryontischen Zellen gegenüber den Bakterien fordert eine möglichst hohe Transfektionsrate der Zellen, um die Produktion auf möglichst hohem Niveau zu halten. Es besteht daher der Bedarf möglichst alle Zellen an der Produktion des gewünschten, rekombinanten Proteins zu beteiligen. Die Selektion von stabil transfizierten Zellen oder die Infektion von Zellen mit Hilfe eines rekombinanten adenoviralen Vektors sind die beiden Alternativen. Die Expression des gewünschten Produkts sollte auch in serumfreiem Medium erfolgen, um eine eventuelle Verunreinigung des rekombinanten Proteins durch die tierischen Proteine zu verhindern. Im Laufe dieser Promotionsarbeit wurde eine deutlich vereinfachte Expressionsmethode- sowie Aufreinigungsmethode für die beiden rekombinanten CCN-Proteine, CTGF und NOV, entwickelt als in der Literatur beschrieben (siehe zum Beispiel Ball *et al.*, 2003).

2.5 *Zielsetzung*

Ziel der Promotionsarbeit ist es, die nativen, rekombinanten Proteine CTGF und NOV funktionell zu untersuchen. Wie oben beschrieben soll die Produktion von rhCTGF und rrNOV in einem eukaryontischen Expressionssystem erfolgen. Die Identität von rhCTGF sowie rrNOV erfolgt durch Bestimmung der totalen Masse in einer MALDI-TOF Massenspektroskopie sowie durch die massenspektroskopische Untersuchung der proteolytischen Peptide beider aufgereinigten CCN-Proteine. Der Sequenzabgleich der Peptidmassen erfolgt mit dem MASCOT Algorithmus und der Swissprot Proteinsequenzsammlung. Die Untersuchung des Glykosylierungsstatus und dessen

Einfluss auf die biologische Aktivität von rhCTGF und rrNOV soll ebenfalls im Rahmen der Arbeit untersucht werden. Schließlich sollen die zuvor charakterisierten, aufgereinigten Proteine in einem Proliferationsassay sowie Smad3-sensitiven Reporter-Assay mit $(CAGA)_{12}$-MLP-Luc auf ihre biologische Aktivität hin getestet werden.

3 Materialien und Methoden

3.1 Materialien

3.1.1 Verbrauchsmaterialien

Artikel	Hersteller
3MM Chromatographiepapier	Whatman, England
Autoklavierbeutel	Roth, Deutschland
Cryotubes	Nunc, Dänemark
Einmalhandschuhe, Semper Med	Semperit Technische Produkte, Österreich
F16 BlackMaxisorp 96 Wells	Nunc, Dänemark
Frischhaltefolie SARAN WRAP	SARAN, USA
Hybond-N	Amersham BioScience, Schweden
Küvetten (Plastik) (10 x 4 x 45 mm)	Sarstedt, Deutschland
Küvetten (Quarz)	Hellma, Deutschland
Low binding Tubes	Eppendorf, Deutschland
Mikro-Reaktionsgefäße 1,5 ml	Sarstedt, Deutschland
Mikro-Reaktionsgefäße 2,0 ml	Sorenson Bio Science Inc., USA
Sterile PVDF Syringe Filter .22 µm	Millipore, USA
MALDI-TOF/TOF	Bruker Daltonics GmbH, Deutschland
Micromass Electrospray Q-Tof-2	Waters Corporation, USA
Mullkompressen, unsteril 10x10 cm	Fuhrmann Verbandstoffe, Deutschland
Neubauer-Zählkammer	Roth, Deutschland
Nitrocellulose Membran	Schleicher & Schüll, Dassel, Germany
NuPage Bis Tris Gele 4-12%	Invitrogen, USA
NuPage Bis Tris Gele 10%	Invitrogen, USA
Pasteurpipetten (3,5 ml) mit integ.	Sarstedt, Deutschland
Pipettenspitzen, gelb 200 µl	Eppendorf, Deutschland
Pipettenspitzen, kristall 1-20 µl	Eppendorf, Deutschland
Pipettenspitzen, weiß 1000 µl	Eppendorf, Deutschland
PP-Röhrchen 12 ml	Greiner, Deutschland
PP-Röhrchen 50 ml	Greiner, Deutschland
Safeseal Tips 10 µl	Biozym, Deutschland
Safeseal Tips 200 µl	Biozym, Deutschland
Safeseal Tips 1000 µl	Biozym, Deutschland
Spin Columns	Applied Biosystems, USA
Universalindikatorpapier (pH 0-14)	Merck, Deutschland
Vivaspin 2 ml Concentrator	Sartorius, Deutschland
Zellkulturplatten ⌀ 100 mm	Sarstedt, Deutschland
Zellkulturplatten-Multiwell 12 Wells	Becton Dickinson,USA
Zellkulturplatten-Multiwell 96 Wells	Becton Dickinson,USA
Zellkulturplatten-Multiwell 6 Wells	Sarstedt, Deutschland
ZipTip$_{\mu\text{-C18}}$	Millipore, USA

3.1.2 Multikomponentensysteme

System	Hersteller
1 kb DNA Ladder	NEB, USA
100 bp DNA Ladder	NEB, USA
Bigdye Terminator Cycle Sequencing	Applied Biosystems, USA
Cell Proliferation ELISA, BrdU (colorimetric)	Roche, Deutschland
CellTiter 96 Aqueous One Solution Cell	Promega, USA
dNTPs	Roche, Deutschland
Heringssperma	Roche, Deutschland
Hind III Ladder	NEB, USA
Lectin aus Con A HRP gekoppelt	Sigma, Deutschland
Mg-Puffer (10 x), PCR-Wasser, dNTPs	Roche, Deutschland
Micro BCA™ Protein Assay Kit	Thermo Fisher Scientific Inc., USA
NuPage LDS-Blaupuffer (4 x)	Invitrogen, USA
QIAquick Gel Extraction Kit	Qiagen, Deutschland
Random Primer Ready Reaction Kit	Qiagen, Deutschland
Restore™ Western Blot Stripping Buffer	Pierce Biotechnology, USA
RNeasy Mini Kit	Qiagen, Deutschland
Roti® - Block (10 x)	Roth, Deutschland
SeeBlue Plus2 Pre-stained Standard	Invitrogen, USA
Steady-Glo-Luciferase Assay System	Promega, USA
SuperScript Reverse Transcriptase AMV Kit	Roche, Deutschland
SuperSignal West Dura Extended Duration Substrate	Pierce Biotechnology, USA

3.1.3 Chemikalien

Chemikalie	Hersteller
2-Mercaptoethanol	Roth, Deutschland
Aceton	Merck, Deutschland
Agarose	Cambrex, USA
Bacto™ Agar	Becton Dickinson, USA
Bacto™ Peptone	Becton Dickinson, USA
Bacto™ Yeast Extract	Becton Dickinson, USA
Bicin	AppliChem, Deutschland
Bis-Tris	AppliChem, Deutschland
Bromphenol Blau	Sigma, Deutschland
Borsäure	Roth, Deutschland
BSA (bovine serum albumin)	Sigma, Deutschland
Calciumchlorid	Merck, Deutschland
Cäsiumchlorid	MP Biomedicals, USA
Chlorobutanol	Fluka, Schweiz
Chloroform	Sigma, Deutschland
Complete Protease Inhibitor Cocktail	Roche, Deutschland

Chemikalie	Hersteller
DAPI	DAKO, Dänemark
Dikaliumhydrogenphosphat	Merck, Deutschland
DMSO (Dimethylsulfoxid)	Fluka, Schweiz
DOC	Sigma, Deutschland
DTT (1,4 –dithiothreitol)	Sigma, Deutschland
EDTA (Ethylendiamintetraessigsäure)	Merck, Deutschland
Essigsäure	Merck, Deutschland
Ethanol	Roth, Deutschland
Ethidiumbromid	Sigma, Deutschland
Fluorescent Mounting Medium	Dako Cytomation, USA
Formaldehyd	Roth, Deutschland
Formamid	Fluka, Schweiz
FuGENE 6™	Roche, Deutschland
Gelatine, (Fisch)	Sigma, Deutschland
Glyzerin	Merck, Deutschland
Guanidinthiocyanat	Merck, Deutschland
HEPES	Roth, Deutschland
Isoamylalkohol	Merck, Deutschland
Isopropanol	Merck, Deutschland
Kaliumacetat	Merck, Deutschland
Kaliumdihydrogenphosphat	Merck, Deutschland
Kollagen Typ I	Becton Dickonson and Company Sparks, USA
Magnesiumchlorid	Merck, Deutschland
MES	Roth, Deutschland
Methanol	Roth, Deutschland
Milchpulver	Roth, Deutschland
MOPS	Roth, Deutschland
Natriumacetat	Merck, Deutschland
Natriumazid	Merck, Deutschland
Natriumcarbonat	Merck, Deutschland
Natriumchlorid	Merck, Deutschland
Natriumhydrogencarbonat	Merck, Deutschland
Natriumhydrogenphosphat-Monohydrat	Merck, Deutschland
Natriumhydroxid	Merck, Deutschland
NP-40 (Nonidet)	Roche, Deutschland
Paraformaldehyd	Roth, Deutschland
Phenol	Sigma, Deutschland
Phosphatase Inhibitor Cocktail 2	Fluka, Schweiz
Pikrinsäure	Fluka, Schweiz
Polyethylenglycol	Sigma, Deutschland
Poly-L-Lysin-Lösung	Sigma, Deutschland
Protein-G-Plus Agarose	SantaCruz, USA
PVP, Polyvinylpyrrolidon	Sigma, Deutschland
Rubidiumchlorid	Merck, Deutschland
Salzsäure (32%)	Roth, Deutschland
SDS (Sodiumdodecylsulfat)	Sigma, Deutschland
Sephadex G-100	Pharmacia, USA
Sirius Red	Polysciences, USA
TCA (Trichloressigsäure)	Roth, Deutschland

Chemikalie	Hersteller
Triton X-100	Roth, Deutschland
Trizin	Sigma, Deutschland
Trinatriumcitrat	Merck, Deutschland
Trizma base	Fluka, Schweiz
Tween 20	Roth, Deutschland
Trypanblau	Sigma, Deutschland
Xylencyanol	Merck, Deutschland
Xylol	Merck, Deutschland

3.1.4 Gerätschaften

Gerät	Hersteller
ABI 310 Genetic Analyzer (Sequenzierautomat)	Applied Biosystems, USA
Agarosegel-Elektrophoresesystem DNA Pocket Bloc-UV	Biozym, Deutschland
Beckmann Avanti J-15 Zentrifuge	Beckman Coulter, USA
Beckman Optima L-70k Ultrazentrifuge	Beckman Coulter, USA
DNA-Gel Dokumentationsgerät INTAS	INTAS, Deutschland
Eismaschine	Ziegra, Deutschland
Gefriertrocknungsanlage Christ ALPHA	Braun Biotech International, Deutschland
Heraeus Biofuge 15R Tischzentrifuge	Heraeus, Deutschland
Heraeus Biofuge primo Tischzentrifuge	Heraeus, Deutschland
Inkubator	Heraeus, Deutschland
Lumi-Imager™	Boehringer, Deutschland
Microbeta 1450 Jet Liquid Scintillation & Luminescence Counter	PerkinElmer, USA
Mikroskop Axiovert 135 M	Zeiss, Deutschland
Mikroskop Leica DMLB	Leica, Deutschland
MilliQ Wasseraufreinigungssystem	Millipore, Frankreich
PCR-Automat Biometra T3 (Thermocycler)	Biometra, Deutschland
pH-Meter	WTW, Deutschland
Pipettierhilfe 10 µl	Eppendorf, Deutschland
Pipettierhilfe 20 µl	Eppendorf, Deutschland
Pipettierhilfe 200 µl	Eppendorf, Deutschland
Pipettierhilfe 1000 µl	Eppendorf, Deutschland
Sartorius 1212MP Waage	Sartorius, Deutschland
Sartorius 1364MP Waage	Sartorius, Deutschland
Schüttler Biometra WT16	Biometra, Deutschland
Spannungsgerät Power PAC 300	Bio-RAD, USA
Spectrophotometer Cary 50	Varian, USA
Thermomixer 5436	Eppendorf, Deutschland
Überkopfschüttler	Heidolph, Deutschland
Victor 1420 Multilabel Counter	PerkinElmer, USA
Vortexer Vorrtex Genie2	Fisher Scientific, USA
XCell Blot Module™	Invitrogen, USA
XCell SureLock™ Mini-Cell	Invitrogen, USA

3.1.5 Puffer und Lösungen

Alle angesetzten Puffer und Lösungen werden ausschließlich mit autoklavierten Millipore™-Wasser angesetzt.

Ammoniumacetatlösung (10 M)

100 ml: 77,1 g Ammoniumacetat werden ad 100 ml in H_2O gelöst und 0,22 µm filtriert.

Ampicillin (100 mg/ml)

100 ml: 10 g Ampicillin werden ad 100 ml in H_2O gelöst und 0,22µm filtriert, aliquotiert und bei -20℃ gelagert.

Antikörper-Verdünnungslösung

(2,5% (w/v) Milchpulver in TBS mit 0,05% (v/v) Tween™ 20)

100 ml: 2,5 g fettfreies Milchpulver werden zusammen mit 50 µl Tween™ 20 ad 100 ml in TBS (1x) gelöst.

Blockierungslösung (Zell-und Gewebefärbung)

(0,1% (v/v) Fischgelatine; 1% (w/v) BSA in PBS pH 7,4)

Ansatz 50 ml: 1 g BSA wird in 50 ml (1 x) PBS gelöst, mit 50 µl Gelatine 3% (w/w) gemischt und die Lösung bei -20℃ gelagert.

Blockierungslösung für transferierte Proteine (Nitrocellulose Membran)

Milchpulver 5% in TBS (1 x)

1 l: 50 g fettfreies Milchpulver werden ad 1000 ml in (1 x) TBS (1 x) gelöst und bei -20℃ in Aliquots à 50 ml gelagert.

Bromphenolblaulösung, 0,5% (w/v)

5 ml: 25 mg Bromphenolblau werden ad 5 ml in H_2O gelöst und bei 4℃ gelagert.

$CaCl_2$ (1 M)

50 ml: 7,35 g $CaCl_2$ x 2 H_2O werden ad 50 ml in H_2O gelöst.

CsCl-Puffer, RNA-Isolation (5,7 M CsCl/25 mM NaOAc, pH 6,0)

100 ml: 0,83 ml 3M Natriumacetatlösung pH 6,0 und 95,97 g CsCl werden ad 100 ml in

H_2O gelöst und 0,22µm filtriert.

Diethylpyrocarbonate (DEPC) inaktiviertes Wasser (RNase frei)

1000 ml: 1 ml DEPC wird langsam ÜN unter Rühren in H_2O gelöst. Nachdem die ölige Substanz komplett verschwunden ist, wird die wässrige Lösung autoklaviert, dabei zerfällt das DEPC in 2 Ethanol Moleküle und kann für RNase freies Arbeiten verwendet werden. DEPC inaktiviert RNase durch kovalente Modifikationen der Histidinreste.

Autoklavieren: 20\` bei 121℃

DNA Ladepuffer (6 x)

Bromphenol Blau 0,25% (w/v), Xylencyanol 0,25% (w/v), Sucrose 40% (w/v)

10 ml: 25 mg Bromphenol Blau, 25 mg Xylencyanol, 4 g Sucrose werden ad 10 ml in H_2O gelöst.

DTT (1 M)

10 ml: 1,54 g DTT wird ad 10 ml in 0,01 M NaOAc pH 6,0 gelöst, 0,22µm filtriert, aliquotiert und bei -20℃ gelagert.

EDTA (0,5 M), pH 8,0

500 ml: 93,06 g EDTA (Titriplex III) werden ad 300 ml in H_2O unter Zugabe von 10 g NaOH-Plätzchen gelöst. Der pH-Wert wird mit 5 M NaOH-Lösung auf pH 8 titriert und mit H_2O ad 500 ml aufgefüllt.

Ethidiumbromid (10 mg/ml)

10 ml: 100 mg Ethidiumbromid werden ad 10 ml in H_2O gelöst und lichtgeschützt bei 4℃ gelagert.

GIT-Puffer

(4 M Guanidinthiocyanat, 25 mM Natriumacetat (pH 6,0), 0,835 % (v/v) Mercaptoethanol)

200 ml: 94,53 g Guanidinthiocyanat und 1,67 ml 3 M NaOAc pH 6,0 werden ad 200 ml in H_2O gelöst. Lösung wird bei 4℃ gelagert und das Merc aptoethanol erst kurz vor der Verwendung (0,835 %) dazugegeben.

Glucose (1 M)

50 ml: 9,9 g Glucose werden ad 50 ml in H_2O gelöst, 0,22µm filtriert und bei 4℃ gelagert.

HCl (1 M)

200 ml: 19,64 ml 32%ige HCl werden ad 200 ml in H_2O gelöst.

Kaliumacetat (5 M)

100 ml: 49,07 g Kaliumacetat werden ad 100 ml in H_2O gelöst.

Kanamycin-Lösung (50 mg/ml)

100 ml: 5 g Kanamycin werden ad 100 ml in H_2O gelöst und 0,22µm filtriert, aliquotiert und bei -20℃ gelagert.

Kollagen-Stocklösung (Plattenbeschichtung)

50 ml: 50 µl Essigsäure (100%) werden ad 50 ml in H_2O gelöst. 1,25 ml einer 2 mg/ml konzentrierten Kollagen-Stocklösung werden in wässrigen 0,1% (v/v) Essigsäurelösung gelöst. Lagerung bei 4℃.

Lithiumchlorid (5 M)

50 ml: 10,6 g LiCl werden ad 50 ml in H_2O gelöst.

Lösung I (Plasmidpräparation)

(50 mM Glucose, 10 mM EDTA, 25 mM Tris-HCl pH 8,0)

50 ml: 2,5 ml aq. 1 M Glucose-Lösung, 1 ml 0,5 M EDTA (pH 8,0), 1,25 ml Tris-HCl (pH 8) werden ad 50 ml in H_2O gelöst und bei 4℃ gelagert.

Lösung II (Plasmidpräparation)

(1%ige (w/v) aq. SDS-Lösung, 0,2 M NaOH)

50 ml: 5 ml 2 M NaOH und 2,5 ml 20%ige aq. SDS-Lösung (w/v) werden ad 50 ml in H_2O gelöst.

Lösung III (Plasmidpräparation)

50 ml: 30 ml 5 M Kaliumacetatlösung, 5,75 ml 100%ige Essigsäure werden ad 50 ml in H_2O gelöst und bei 4℃ gelagert.

Lysozymlösung (10 mg/ml)

Ansatz 10 ml: 100 mg Lysozym werden ad 10 ml in 10 mM Tris-HCl pH 8,0 gelöst.

$MgCl_2$ (1 M)

50 ml: 10,16 g $MgCl_2$ x 6 H_2O werden ad 50 ml in H_2O gelöst und autoklaviert.

$MgSO_4$ (1 M)

50 ml: 12,3 g $MgSO_4$ x 7 H_2O werden ad 50 ml in H_2O gelöst und autoklaviert.

$MnCl_2$ (1 M)

20 ml: 3,96 g $MnCl_2$ x 4 H_2O werden ad 20 ml in H_2O gelöst, autoklaviert und bei -20 °C gelagert.

MOPS (1 M, pH 7)

100 ml: 20,93 g MOPS werden ad 60 ml in H_2O gelöst, mit 5 M NaOH titriert und ad 100 ml mit H_2O aufgefüllt.

MOPS-Puffer (20 x)

(1 M MOPS, 1 M Tris-Base, 69,3 mM SDS und 20,5 mM EDTA)

1000 ml: 209,2 g MOPS, 121,12 g Tris-Base, 20 g SDS, 6 g EDTA werden ad 1000 in H_2O ml gelöst.

NaCl (5 M)

100 ml: 29,22 g NaCl werden ad 100 ml in H_2O gelöst.

NaCl (1,6 M)/PEG 13% (w/v) (Plasmidpräparation)

50 ml: 6,5 g PEG, 4,67 g NaCl werden ad 50 ml in H_2O gelöst.

Na_2HPO_4 (1 M)

200 ml: 35,58 g Na_2HPO_4 x 2 H2O werden ad 200 ml in H_2O gelöst und 0,22µm filtriert.

NaH_2PO_4 (1 M)

200 ml: 27,58 g NaH_2PO_4 x H_2O werden ad 200 in H_2O ml gelöst und 0,22µm filtriert.

NaOH (2 M oder 5 M)

50 ml: 4 (2 M) oder 10 g (5 M) NaOH werden ad 50 ml in H_2O gelöst.

Natriumacetat (3 M), pH 6,8 (DNA-Fällung)

50 ml: 12,3 g Natriumacetat werden in H_2O gelöst, mit Eisessig titriert, ad 50 ml mit H_2O aufgefüllt.

Nukleotid Mix (10 mM) (PCR)

ad 10 mM dNTPs: 10 µl dGTP, dATP, dTTP und dCTP Nukleotid werden ad 100 µl in H_2O gelöst, aliquotiert und bei -20℃ gelagert.

PBS (10X)

(1,37 M NaCl, 27 mM KCl, 100 mM Na_2HPO_4, 15 mM KH_2PO_4)

1000 ml: 80 g NaCl, 2 g KCl, 11,5 g Na_2HPO_4, 2 g KH_2PO_4 werden in H_2O gelöst, mit HCl (conc.) ad pH 7,4 titriert, ad 1000 ml mit H_2O aufgefüllt, autoklaviert und bei RT aufbewahrt.

Proteinladepuffer für SDS-PAGE (1x)

(50 mM Tris/HCl pH 6,8, 2% (w/v) SDS, 0,1% (w/v) Bromphenolblau, 10% (v/v) Glyzerin, 100 mM DTT)

10 ml: 500µl 1 M Tris/HCl pH 6,8, 1 ml 20%ige SDS-Lösung, 1 ml Bromphenolblau (1% (w/v)), 1 ml Glyzerin wird ad 9 ml in H_2O gelöst, vor Gebrauch mit 1 ml 1 M DTT-Lösung versetzt.

Proteintransferpuffer NuPAGE™ (20 x)

(25 mM Bicine, 25 mM Bis-Tris, 1 mM EDTA, 0,05 mM Chlorobutanol)

1 l: 81,6 g Bicine, 104,8 g Bis-Tris, 6 g EDTA und 0,2 g Chlorobutanol werden ad 1 l in H_2O gelöst. Gebrauchslösung ad (1 x) verdünnt und ad 10% mit Methanol versetzt.

Proteintransferpuffer nach Tobwin

(25 mM Tris, 192 mM Glycin, 20%ige (v/v) Methanol)

1 l: 3,03 g Tris-Base, 14,41 g Glyzin werden ad 700 ml in H_2O gelöst, mit 200 ml Methanol versetzt, ad 1 l mit H_2O aufgefüllt.

Permeabilisierungslösung (Immunozytochemie)

(0,1 % Triton X-100, 0,1 % Natriumacetat)

100 ml: 0,1 g Natriumcitrat wird in H_2O gelöst, mit 100 µl Triton X-100 versetzt und ad 100 ml mit H_2O aufgefüllt.

PFA (Fixierlösung für Zellen, Immunozytochemie)

(4 % Paraformaldehyd in PBS pH 7,4)

100 ml: 4 g Paraformaldehyd (PFA) werden ad 50 ml in H_2O aufgeschlämmt, mit 5 M NaOH titriert, PFA gelöst. Nach Zugabe von 10 ml (10x) PBS wird der pH-Wert mit Phosphorsäure ad pH 7,4 titriert, ad 100 ml mit H_2O aufgefüllt und bei -20℃ gelagert.

RIPA-Lysispuffer

(Tris 20 mM, 150 mM NaCl, NP-40 2 % (v/v), SDS 0,1 % (w/v), DOC 0,5 % (w/v)

1000 ml: 2,42 g Tris, 8,76 g NaCl, 20 ml NP-40, 1 g SDS, 5 g DOC werden ad 900 ml in H_2O gelöst, der pH-Wert mit HCl ad 7,2 eingestellt und ad 1000 ml mit H_2O aufgefüllt.

RNase-A-Lösung (10 mg/ml)

10 ml: 100 mg RNase-A werden ad 10 ml in H_2O gelöst, 10 min aufgekocht. Die Lösung wird aliquotiert und bei -20 ℃ gelagert.

Rubidiumchlorid (4 M)

40 ml: 19,34 g RbCl werden ad 40 ml in H_2O gelöst, 0,22µm filtriert und bei -20 ℃ gelagert.

STE-Puffer

(100 mM NaCl, 1 mM EDTA, 10 mM Tris-HCl, pH 8)

1000 ml: 20 ml 5 M NaCl, 2 ml 0,5 M EDTA, 10 ml 1 M Tris-HCl pH 8 werden ad 1000 ml in H_2O gelöst.

Stopp-Mix für DNA (5 x)

(20 mM EDTA, 30 % (v/v) Glycerin, 0,5 % SDS (w/v), 0,1 % (w/v) Bromphenolblau)

5 ml: 0,2 ml (0,5 M) EDTA pH 8, 1 ml Bromphenolblaulösung, 1,7 ml Glyzerin, 0,125 ml 20%ige (w/v) SDS-Lösung werden ad 5 ml in H_2O gelöst.

TBE (10 x)

(0,89 M Tris-HCl, 0,89 M Borsäure, 20 mM EDTA)

1 l: 108 g Tris-Base, 55 g Borsäure und 7,44 g EDTA werden ad 1 l in H_2O gelöst.

TBS (10 x)

(0,1 M Tris, 1,5 M NaCl)

1000 ml: 12,1 g Tris und 87,66 g NaCl werden in H_2O gelöst, mit HCl ad pH 7,6 titriert ad 1000 ml mit H_2O aufgefüllt.

TBST (10 x)

(0,1 M Tris, 1,5 M NaCl, 0,1 % Tween 20)

1000 ml: 12,1 g Tris, 87,66 g NaCl werden in H_2O gelöst, mit HCl ad pH 7,6 titriert, die Lösung ad 999 ml mit H_2O aufgefüllt und mit 1 ml Tween™ 20 versetzt.

TE (pH 8)

(10 mM Tris-HCl pH 8, 1 mM EDTA)

100 ml: 1 ml Tris-HCl pH 8, 0,2 ml (0,5 M) EDTA werden ad 100 ml in H_2O gelöst.

TES (pH 7,5)

(10 mM Tris-HCl, pH 7,5, 1mM EDTA, 150 mM NaCl)

100 ml: 1 ml 1 M Tris-HCl (pH 7,5), 0,2 ml 500 mM EDTA (pH 8), 3 ml 5 M NaCl werden ad 100 ml in H_2O gelöst.

TFB-I (kompetente *E. coli* nach Hanahan)

(100 mM RbCl, 50 mM $MnCl_2$, 10 mM $CaCl_2$, 30 mM KOAc pH 6, 15% Glyzerin (v/v))

100 ml: 2,5 ml 4 M RbCl, 5 ml 1 M $MnCl_2$, 1 ml $CaCl_2$, 0,6 ml 3 M KOAc pH 6, 15 ml Glyzerin werden ad 100 ml in H_2O gelöst.

TFB-II (kompetente *E. coli* nach Hanahan)

(10 mM MOPS pH 7, 75 mM $CaCl_2$, 10 mM NaCl, 15 % (v/v) Glyzerin)

100 ml: 1 ml 1 M MOPS pH 7,0, 7,5 ml 1 M $CaCl_2$, 1 ml 1 M NaCl und 15 ml Glyzerin werden ad 100 ml in H_2O gelöst.

Tris-HCl (1M), pH 7,5; pH 7,8; pH 8,4

500 ml: 60,55 g Tris werden in H_2O gelöst, mit HCl (conc.) ad pH 7,5; 7,8 oder 8,4 titriert und mit H_2O ad 500 ml aufgefüllt.

Trypsin Verdaupuffer

(50 mM NH_4HCO_3, 5 mM $CaCl_2$ und 12,5 ng/µl Trypsin)

10 ml: 40 mg NH_4HCO_3, 5,5 mg $CaCl_2$ werden ad 10 ml in H_2O gelöst, 125 µg Trypsin zugesetzt, 0,22µm filtriert und bei -20℃ gelagert.

3.1.6 Materialien für biochemische Analysen

3.1.6.1 Enzyme

Enzym	Hersteller
Accutase™	Invitrogen, Deutschland
*Apa*I	NEB, USA
*Eco*R I	NEB, USA
Klenow	Roche, Deutschland
Lysozym	Roche, Deutschland
*Not*I	NEB, USA
RNase A	Roche, Deutschland
T4-DNA-Ligase	Roche, Deutschland
Taq-Polymerase	Roche, Deutschland
Trypsin (10x)	PAA, Österreich

3.1.6.2 Vektoren

Vektor	Herkunft
pGEM-T Easy	Promega, USA
pcDNA5/FRT TO	Invitrogen, Deutschland
pOG44	Invitrogen, Deutschland
$(CAGA)_{12}$-MLP-Luc in pGL3 Basic	C.H. Heldin, Ludwig Institute for Cancer Research; Schweden
pCEP4-hCTGF	Invitrogen, Deutschland
pEGFP-N1	Clontech, USA
pUC19	Invitrogen, Deutschland
pcDNA3.1	Invitrogen, Deutschland
pShuttle-CMV	Stratagene, Deutschland
IRAKp961P24175Q	ImaGENE, Deutschland
pAdEasy-1	Stratagene, Deutschland

3.1.6.3 Zytokine

Zytokin	Hersteller
TGF-β1	R&D Systems, USA
PDGF-BB	R&D Systems, USA
rhCTGF	BioVendor, Deutschland

3.1.6.4 Antikörper

3.1.6.4.1 Primäre Antikörper

Antikörper	Spezies	Hersteller	Epitop
sc-25440	Kaninchen	Santa Cruz Biotechnology	(H-55) humanes CTGF, N-terminal
sc-14939	Ziege	Santa Cruz Biotechnology	(L-20) humanes CTGF, C-terminal
AF1976	Ziege	R&D Systems	maus NOV
Ab-1 PC17	Kaninchen	Oncogene	PDGFRb (Extrazelluläre Domäne)

3.1.6.4.2 Sekundäre Antikörper

Antikörper	Spezies	Hersteller	Epitop
sc-2056 (HRP gekoppelt)	Esel	Santa Cruz Biotechnology	Ziege IgG
sc-2007 (HRP gekoppelt)	Ziege	Santa Cruz Biotechnology	Kaninchen IgG
sc-2777 (FITC gekoppelt)	Kaninchen	Santa Cruz Biotechnology	Ziege IgG

3.1.7 Zell- sowie Bakterienkultur

3.1.7.1 Bakterienkulturmedien

LB-Medium

1000 ml: 10 g Tryptone (Bacto), 5 g Hefeextrakt, 10 g NaCl werden in H_2O gelöst und mit 1M NaOH ad pH 7,4 titriert. Die Lösung wird ad 1000 ml mit H_2O aufgefüllt und autoklaviert.

(2 x) TY-Medium

1000 ml: 16 g Tryptone (Bacto), 10 g Hefeextrakt, 5 g NaCl werden ad in H_2O gelöst und mit 1M NaOH ad pH 7,4 titriert. Die Lösung wird ad 1000 ml mit H_2O aufgefüllt und autoklaviert.

3.1.7.2 Prokaryotische Selektionsantibiotika

Prokaryotische Selektionsantibiotika	**Hersteller**
Hygromycin B	Roth, Deutschland
Tetracyclin	Roth, Deutschland
Ampicillin	Sigma, Deutschland
Kanamycin	Roche, Deutschland

3.1.7.3 Bakterienstämme

In der Arbeit eingesetzten Bakterien Stämme (*E. coli*)

Stamm	**Genotyp**
XL1-Blue (Stratagene, Deutschland)	endA1 gyrA96(nal^R) thi-1 recA1 relA1 lac glnV44 F' Tn10 proAB$^+$ lacI^q Δ(lacZ)M15] hsdR17(r_K^- m_K^+) Resistenz: Nalidixische Säure, Tetrazyklin (auf dem F Plasmid)
BJ5183 (Stratagene, Deutschland)	recB recC sbcB sbcC endA galK met thi-1 bioT hsdR rpsL(strR) Resistenz: Streptomycin

3.1.7.4 Wachstumsmedien für eukaryotische Zellen

Wachstumsmedien und Zusätze für Kultur der eukaryotischer Zellen	**Hersteller**
CHO-S-SFM II	Gibco, USA
Panserin 293A	PAN, Deutschland
Panserin 401	PAN, Deutschland
DMEM (*Dulbecco's Modified Eagles Medium*), *High Glucose*	Lonza, Belgien
Fötales Kalbsserum (FKS)	Lonza, Belgien
PEN-STREP (Penicillin, Streptomycin (10 mg/ml))	Lonza, Belgien
L-Glutamin (200 mM)	Lonza, Belgien
HBSS (Hanks buffered salt solution) mit oder ohne Mg^{2+}, Ca^{2+}	PAA, Österreich
Hepatozyme	PAA, Österreich
RPMI 1640	Gibco, USA

Vollmedium	DMEM, 10% (v/v) FCS, 4 mM L-Glutamin, 100 U/ml Penicillin, 100 µg/ml Streptomycin
Minimalmedium	DMEM, 0,5% (v/v) FCS, 4 mM L-Glutamin, 100 U/ml Penicillin, 100 µg/ml Streptomycin
Stimulationsmedium	DMEM, 1 mg/ml BSA, 4 mM L-Glutamin, 100 U/ml Penicillin, 100 µg/ml Streptomycin
Einfriermedium (2 x)	4 ml DMSO, 11 ml DMEM, 5 ml FCS
Selektionsmedium	DMEM, 10% (v/v) FCS, 4 mM L-Glutamin, 100 U/ml Penicillin, 100 µg/ml Streptomycin, Selektionsantibiotikum (150 µg/ml Hygromycin B oder 100 µg/ml Zeocin™)
Expressionsmedium	DMEM, 4 mM L-Glutamin, 100 U/ml Penicillin und 100 µg/ml Streptomycin

3.1.7.5 Eukaryotische Selektionsantibiotika

eukaryontische Selektionsantibiotika	**Hersteller**
Hygromycin B	Roth, Deutschland
Zeocin™	Invitrogen, Deutschland
Blasticidin S	Invitrogen, Deutschland
Geneticin (G-418)	Roth, Deutschland

3.1.7.6 Eukaryotische Zelllinien

In der Arbeit eingesetzten eukaryotischen Zelllinien

COS-7	SV-40 transformierte Fibroblastenzelllinie aus dem Nierengewebe von Grünen Meerkatzen (Gluzman, 1981)
HEK 293	Mit fragmentierten Adenovirus Typ-5 DNA transformierte menschliche, embryonale Nierenzellen (Graham *et al.*, 1977)
Flp-In™ 293	HEK 293 Zellen stabil transfiziert mit dem pFRT/lacZeo Vektor (Invitrogen), liefern Bindestelle für FRT Rekombinase (Invitrogen Corporation, USA)

EA hy 926 — Eine permanente Hybrid-Zelllinie aus der Fusion der menschlichen Endothelzellen aus der Nabelschnurvene mit der A549 Zelllinie (Edgell *et al.*, 1983)

3.1.8 Chromatographie Puffer

Äquilibrierungs- und Elutionspuffer FPLC (HiLoad™ Superdex 75 16/60)

Tris/HCl 10 mM

NaCl 150 mM

pH 7

0,22 µm filtriert

Äquilibrierungspuffer HiTrap™ HP

Tris/HCl 10 mM

pH 7

0,22 µm filtriert

Elutionpuffer HiTrap™ HP

Tris/HCl 10 mM

NaCl 0,15 bis 4 M NaCl

pH 7

0,22 µm filtriert

3.1.9 Primer

Primer	Gen	Länge Produkt	Primersequenz	Richtung
hCTGFs	hCTGF	500 bp	5'-d(GAA TTC ATG ACC GCC GCC AGT ATG GG)-3'	for
hCTGFas			5'-d(CTC GAG TGC CAT GTC TCC GTA CAT CT)-3'	rev
hCCN3s	hNOV	1000 bp	5'-d(ATG CAG AGT GTG CAG AGC AC)-3'	for
hCCN3as			5'-d(TTA CAT TTT CCC TCT GGT AGT CTT CA)-3'	rev
rCCN3s	rNOV	150 bp	5'-d(TCT GTG GGA TCT GCA GTG AC)-3'	for
rCCN3as			5'-d(ATT GTT CTG AGG GCA GTT GG)-3'	rev
rCCN2s	rCTGF	130 bp	5'-d(AAG GGT CTC TTC TGC GAC TT)-3'	for
rCCN2as			5'-d(ATT TGC AAC TGC TTT GGA AG)-3'	rev
rCOLIs	rCollagen I	159 bp	5'-d(TGC TGC CTT TTC TGT TCC TT)-3'	for
rCOLIas			5'-d(AAG GTG CTG GGT AGG GAA GT)-3'	rev
r18SrRNAs	r18S	289 bp	5'-d(GAC CAT AAA CGA TGC CGA CT)-3'	for
r18SrRNAas			5'-d(AGA CAA ATC GCT CCA CCA AC)-3'	rev
TGFbeta1r	TGF-β1	392 bp	5'-d(GGA CTC TCC ACC TGC AAG AC)-3'	rev
TGFbeta1f			5'-d(CTC TGC AGG CGC AGC TCT G)-3'	for
rS6s	rS6	383 bp	5'-d(GAC TGA CAG ATA CCA CTG TGC CT)-3'	for
rS6r			5'-d(TTA TTT TTG ACT GGA CTC AGA T)-3'	rev
Decorin_OL1	rDecorin	900 bp	5'-d(GAT GAC GCC TCT GGC ATA ATC)-3'	for
Decorin_OL2			5'-d(TTA CTT GTA GTT CCC AAG)-3'	rev

3.2 Methoden

3.2.1 Molekularbiologische Methoden

3.2.1.1 Klonierung der hCTGF-cDNA

3.2.1.1.1 Restriktionsverdau

Die hCTGF-cDNA (*Insert*) (Aminosäure 1–349; Swiss-Prot Eintrag P29279) wird aus dem Expressionsvektor pCEP4-hCTGF (Kunzmann *et al.*, 2008) mit dem Primerpaar hCTGFfor/rev über eine PCR amplifiziert. Die hCTGF-cDNA wird in den pGEM™-Easy Klonierungsvektor (Promega, Mannheim, Deutschland) umkloniert. Durch einen Restriktionsverdau mit *Not*I wird die hCTGF-cDNA aus dem pGEM™-Easy-hCTGF Vektor herausgelöst. Die Restriktion erfolgt über Nacht in einem 50 µl Ansatz bei 37℃. Restriktionsansatz pGEM™-Easy-hCTGF: 5 µl Restriktionspuffer (10 x), 10 µg pGEM™-Easy-hCTGF, 1 µl *Not*I (10 U), aufgefüllt ad 50 µl mit H_2O. Restriktionsansatz pcDNA5/FRT TO: 5 µl Restriktionspuffer (10 x), 10 µg pcDNA5/FRT TO, 1 µl *Not*I (10 U), aufgefüllt ad 50 µl mit H_2O.

3.2.1.1.2 Agarose-Gelelektrophorese von DNA

Agarose wird in 1 x TBE (Tris-Borat-EDTA) Elektrophoresepuffer aufgekocht bis die Lösung klar und schlierenfrei war. Nach der Abkühlung auf etwa 50℃ werden 100 ml Agaroselösung mit 5 µl EtBr (Ethidiumbromid, 10 mg/ml) versetzt und das Agarosegel in einer Agarose-Gelkammer auspolymerisiert. Die DNA-Fragmente von 150 bis 3000 bp Länge lassen sich am besten in einem 0,8 bis 1,5%igen Agarosegel auftrennen. Die aufzutrennende DNA wird mit 6 x DNA-Ladepuffer vermischt, in die Agarosegel-Taschen pipettiert und in der Agarosegel-Laufkammer elektrophoretisch aufgetrennt. Das Agarosegel wird anschließend auf einem UV Tisch analysiert.

3.2.1.1.3 Isolierung von DNA Fragmenten aus Agarosegelen

Die hCTGF-cDNA Restriktionsbande wird bei etwa 1050 bp mit Hilfe eines Skalpels aus dem Agarosegel geschnitten, die UV-Expositionzeit des Agarosegels wird möglichst kurz gehalten. Die hCTGF-cDNA wird aus dem ausgeschnittenen Agarosegel-Stück mittels des *QIAquick Gel Extraction Kit* (Qiagen) nach den Herstellerangaben isoliert und aufgereinigt.

3.2.1.1.4 Ligation und Sequenzierung

Der pcDNA5/FRT TO Vektor wird ebenso wie das pGEM™-Easy-hCTGF mit der *Not*I Restriktionsendonuklease geschnitten. Die Restriktionsstelle von *Not*I befindet sich in der multiplen Restriktionsstelle des pcDNA5/FRT TO Vektors. Die beiden Restriktionsprodukte (hCTGF-cDNA und der Vektor) werden in einem Ligationsansatz inkubiert. Die Ligation wird in einem Ansatzvolumen von 20 µl durchgeführt. Zusammensetzung: 7 µl *Insert* (hCTGF-cDNA), 2 µg pcDNA5/FRT TO (restriziert, siehe: 3.2.1.1.1), 2 µl T4-Ligase Puffer (10 x) sowie 1 µl T4-DNA-Ligase, aufgefüllt ad 20 µl mit H_2O. Die Inkubation erfolgt bei 16℃ über Nacht. Die in diesen Plasmidvektor eingeb rachten DNA-Fragmente werden über eine Sequenzierungsreaktion überprüft. Die Sequenzierung des pcDNA5/FRT/TO-hCTGF Vektors wird mit den Primern CMVfor (5`→3`) und pCR3.1-BGHrev (3`→5`) von Eurofins MWG GmbH (Ebersberg, Deutschland) durchgeführt. Der pOG44 Vektor wird mittels CMVfor Primer sequenziert.

3.2.1.2 Isolation der Vektor DNA aus den *E. coli* XL1-Blue

3.2.1.2.1 kompetente *E. coli* (Hanahan Methode)

Für die Vermehrung und Isolation von Vektor-DNA wird *E. coli* XL1-Blue Stamm benutzt. Die *E. coli* XL1-Blue werden zunächst in einem Erlenmeyerkolben in 100 ml LB-Medium ÜN bei 37℃ im Bakterienkulturschrank unter Schütte ln kultiviert. Die *E. coli* Suspension wird 1:100 mit dem TY-Medium (2 x) verdünnt, mit 1/100 VT 1 M KCl und 1/50 VT $MgSO_4$ versetzt und bis OD_{600} (OD bei 600 nm) von 0,5 AU zwei Stunden bei 37 ℃ u nd 225 rpm im Bakterienkulturschrank kultiviert. Alle Arbeiten erfolgen bei 4 ℃. Die Bakteriensuspension wird auf Eis 5 min gekühlt, in vorgekühlte und sterile Falcon™-Reaktionsgefäße überführt und bei 1500 g für 10 min zentrifugiert. Der Überstand wird abgekippt, das Bakterienpellet mit 50 ml kalten TFB-I Puffer resuspendiert und 1500 g für 10 min zentrifugiert. Der Überstand wird verworfen, das Bakterienpellet in 4 ml TFB-II Puffer resuspendiert. Die kompetenten *E. coli* XL1-Blue werden in 200 µl Aliquots in Eppendorf-Reaktionsgefäße pipettiert, ad 20% (v/v) mit Glyzerin versetzt und im flüssigen

Stickstoff „schockgefrostet“. Die Lagerung erfolgt bei -80 °C.

3.2.1.2.2 Transformation von kompetenten Bakterien

Die kompetenten *E. coli* XL1-Blue werden 15 min auf Eis aufgetaut, mit 1 µg Vektor-DNA versetzt, für 30 min auf Eis inkubiert und für 2 min die kompetenten *E. coli* XL1-Blue dem Hitzeschock bei 42 °C ausgesetzt. Nach einer Inkuba tion für 2 min auf Eis wird der Bakteriensuspension 600 µl LB-Medium zugesetzt und der Transformationsansatz bei 37 °C und 225 rpm für 1h geschüttelt. Die Bakteriensus pension wird mit LB-Medium verdünnt und auf LB-Agar-Platten mit Kanamycin (ad 50 µg/ml) oder Ampicillin (ad 100 µg/ml) aufgetragen. Die Selektionsplatten werden bei 37 °C im Bakterienbrutschrank ÜN bebrütet.

3.2.1.2.3 Großpräparation der Vektor-DNA

Für die Vorkultur wird in ein Rundröhrchen 5 ml LB-Medium gegeben und mit 5 µl Ampicillin (100 mg/ml) oder Kanamycin (50 mg/ml) versetzt. Eine Bakterienkolonie wird mit einer sterilen Pipettenspitze von der Selektionsplatte der transformierten *E. coli* XL1-blue gepickt und mit dieser das LB-Medium für die Vorkultur angeimpft. Es folgt eine 8 h Inkubation in Bakterienschüttler bei 37 °C und 225 rpm. 250 ml LB-Medium werden mit Ampicillin ad 100 µg/ml oder Kanamycin ad 50 µg/ml versetzt, mit 200 µl der Vorkultur angeimpft und bei 37 °C, 225 rpm im Bakterienbrutsc hrank ÜN bebrütet. Die Bakteriensuspension wird bei 4 °C für 15 min bei 15 00 g zentrifugiert, Überstand verworfen, das Bakterienpellet in 100 ml STE-Puffer resuspendiert. Die Bakteriensuspension wird bei 4 °C für 15 min bei 15 00 g zentrifugiert, Überstand verworfen und das Bakterienpellet in 10 ml Lösung I resuspendiert. Die Zellsuspension wird mit 1 ml der Lysozym-Lösung (10 mg/ml, 10 mM Tris/HCl) versetzt, 10 min auf Eis inkubiert, mit 20 ml Lösung II versetzt und bei RT für 10 min inkubiert. Die Suspension wird 15 ml Lösung III versetzt, 10 min auf Eis inkubiert und bei 6700 g bei 4 °C für 15 min zentrifugiert. Der Überstand wird durch 3-Lagen Mull filtriert, mit 0,6 VT Isopropanol versetzt und 10 min bei RT gefällt. Die Suspension wird bei 5000 g, 4 °C, für 15 min zentrifugiert. Das Pellet wird mit 4 ml 70%igen (v/v) Ethanol gewaschen und unter gleichen Bedingungen zentrifugiert, bei RT getrocknet und in 3 ml TE-Puffer wieder in Lösung gebracht. Die Lösung wird mit 3 ml 5 M LiCl versetzt und für 10 min bei 12000 g, 4 °C zentrifugiert. Der Überstand wird in ein neues 15 ml Reaktionsgefäß überführt, mit 6 ml Isopropanol versetzt und für 10 min bei RT gefällt. Die Lösung wird für 10 min bei 12000 g, 4 °C zentrifugiert. Das Pellet wird mit 3 ml 70%ige n (v/v) Ethanol gewaschen und erneut unter gleichen Bedingungen zentrifugiert. Das Pellet wird bei RT luftgetrocknet, in 500 µl TE-Puffer gelöst und in ein Eppendorf-Reaktionsgefäß überführt. Die Lösung wird mit 20 µl RNase-Lösung (10 mg/ml) versetzt und bei 37 °C für 30 min inkubiert. Der Lösung wird mit 520 µl 1,6 M NaCl /13% PEG-Lösung gemischt und gevortext. Die Suspension wird bei 13000 rpm, bei 4 °C für 10 min in der Tischzentrifu ge zentrifugiert. Das Pellet wird in 400 µl TE-Puffer (pH 8) gelöst, 30 min bei 37 °C, 2 00 rpm in einem Thermoblock inkubiert. Die Lösung wird mit 400 µl Phenol vermengt, 1 min gevortext und 5 min bei 13000 rpm und RT in der Tischzentrifuge zentrifugiert. Der Überstand wird mit 400 µl Phenol/Chloroform Mischung in einem neuen Eppendorf-Reaktionsgefäß vermischt, 1 min gevortext und 5 min bei 13000 rpm und RT in der Tischzentrifuge zentrifugiert. Der Überstand wird in einem neuen Eppendorf-Reaktionsgefäß mit 400 µl Chloroform versetzt, 1 min gevortext und 5 min bei RT und 13000 rpm in der Tischzentrifuge zentrifugiert. Der Überstand wird in ein neues Eppendorf-Reaktionsgefäß überführt, mit 100 µl 10 M Ammoniumacetat, 1 ml Ethanol (p.a.) vermengt und gevortext. Die Lösung wird 10 min bei RT inkubiert, für 5 min bei 13000 rpm in der Tischzentrifuge zentrifugiert, das Pellet mit 200 µl 70%igen Ethanol gewaschen, zentrifugiert und bei RT getrocknet. Das Pellet wird in 500 µl steriles TE-Puffer (pH 8.0) aufgenommen.

3.2.1.2.4 Konzentrationsbestimmung von Nukleinsäuren

Die Konzentration von Nukleinsäuren in einer wässrigen Lösung kann photometrisch bestimmt werden. Die Extinktion der Nukleinsäuren-Lösung wird bei 260 nm gemessen, dabei entspricht eine Extinktion von 1 einer Konzentration von 50 µg/ml bei DNA und 40 µg/ml bei RNA. Der Quotient von 260/280 nm gibt die Reinheit der Nukleinsäuren-Präparation an und sollte bei 1,8 liegen. Niedrigere Quotienten geben eine wahrscheinliche Kontamination mit Proteinen an.

3.2.1.2.5 Analytischer Verdau der isolierten Vektor-DNA

Der Verdau mit Restriktionsendonukleasen wird für die Analyse der klonierten Vektor-DNA verwendet. Für einen 15 µl Restriktionsansatz wird 1 µg Vektor-DNA mit 5 U Restriktionsendonuklease, 1,5 µl (10 x) Restriktionspuffer versetzt und ad 15 µl mit H_2O aufgefüllt. Der Ansatz wird bei 37 ℃ für 1 h inkub iert.

3.2.1.3 Analyse von Genexpression in eukaryontischen Zellen

3.2.1.3.1 RNA-Isolierung mit RNeasy® Plus Mini Kit (Qiagen)

Die Isolierung der RNA aus adhärenten Zellen wird nach den Empfehlungen des Herstellers durchgeführt. Der Puffer RPE muss zunächst mit RNase freien Ethanol aufgefüllt werden. Der RLT Plus Puffer soll vor der Verwendung mit 10 µl β-Mercaptoethanol pro ml versetzt werden. Die adhärenten Zellen werden 3-mal mit 5 ml PBS (1x) Puffer gewaschen, mit 600 µl des RLT plus Puffer überschichtet. Das Zelllysat wird in ein RNase freies, autoklaviertes Eppendorf-Reaktionsgefäß überführt, mit Hilfe einer 1 ml Spritze mit einer 27G-Kanüle homogenisiert und auf die RNeasy Silica Säule aufgetragen. Die gebundene RNA wird entsprechend den Herstellerangaben gewaschen. Die isolierte RNA wird mit dem RNA-freien Wasser von der Säule eluiert.

3.2.1.3.2 Reverse Transkription (cDNA-Synthese)

Die quantitative Analyse von Genexpression wird mittels der rtPCR (reversen Transkription Polymerase-Kettenreaktion) durchgeführt. Folgend ist ein typisches Programm für das Umschreiben der isolierten RNA aus den Zellen in die so genannte cDNA (*copy* DNA) transkribiert. Der Ansatz besteht aus 1 µg isolierter RNA versetzt mit 1 µl (250ng/µl) Random Primer, 1 µl dNTPs (10 mM), aufgefüllt ad 13 µl mit H_2O. Der Ansatz wird bei 65 ℃ 5 min inkubiert und kurz auf Eis abgekühlt. Es werden dem Ansatz 4 µl (5 x) FSB Puffer und 2 µl 0,1 M DTT zugefügt und bei 25℃ für 2 min inkubiert. Durch die Gabe von 1 µl (200 U/µl) SuperScript II (Invitrogen) wird die reverse Transkription gestartet. Der Ansatz wird 10 min bei 25℃ inkubier t, 1 h bei 42 ℃ revers transkribiert und 15 min bei 70℃ die reverse Transkriptase inaktivie rt. Die cDNA ist begrenzt bei -20℃ haltbar.

3.2.1.3.3 Polymerase-Kettenreaktion (PCR)

Die PCR Methode wird für die Überprüfung der Expression von bestimmten Genen verwendet. Die, für die PCR, verwendeten Primer-Paare sind in dem Abschnitt 3.1.9 aufgelistet. Ein PCR Programme beginnt mit der Denaturierung der DNA bei 94 °C, dabei werden die beiden komplementären Einzelstränge des Templates getrennt. Es folgt ein Anlagerungsschritt (Annealing-Schritt), bei dem die Primer an die getrennten DNA Stränge anlagern. Bei dem 72 °C Schritt erfolgt die komplementäre Primerextension auf der Basis der Einzelstränge, bis wieder doppelsträngige DNA vorliegt. Bei jedem Zyklus wird die cDNA Menge verdoppelt. Zum Schluss kommt noch ein 10 min 72 °C Schritt, bei dem die Taq-Polymerase die Zeit für die Verlängerung aller nicht zu Ende verlängerten Strängen bekommt. Das Standard PCR Programm läuft folgend ab:

PCR-Ansatz (25 µl):	PCR-Programm:		
1 µl cDNA	1. 94°C	5 min	
1 µl 5'-Primer (0,1 µg/µl)	2. 94°C	1 min	30 x
1 µl 3'-Primer (0,1 µg/µl)	3. X °C	1 min	
2,5 µl 10 x PCR-Puffer (mit Mg^{2+})	4. 72°C	3 min	
1 µl dNTPs (10 mM von jedem)	5. 72°C	10 min	
1 µl *Taq*-Polymerase	6. 4°C	∞	
17,5 µl H_2O			

X °C → Die Anlagerungstemperatur kann je nach dem GC-Gehalt des Primerpaars variieren, genauso die Zykluszahl.

3.2.2 Zellbiologische Methoden

Alle Puffer und Zellkulturmedien werden vor dem Einsatz auf 37 °C im Wasserbad aufgewärmt. Im Zellkultur-Inkubator sind die Kultivierungsbedingungen mit 5% CO_2 (v/v), 37 °C und hohen Luftfeuchtigkeit vorgegeben. Alle Arbeiten erfolgen, falls nicht anders angegeben, unter der Heraeus™ Reinraum Werkbank bei RT.

3.2.2.1 Kultivierung von HEK 293, COS-7 sowie EA hy 926 Zellen

Die Zellen werden schnell aufgetaut, um die längere Einwirkung von toxischen DMSO entgegenzuwirken. Die Zellsuspension wird nach dem Auftauen in ein Röhrchen mit 9 ml DMEM ohne Zusätze überführt und 5 min bei 500 g pelletiert. Das Zellpellet wird mit 10 ml DMEM ohne Zusätze resuspendiert, erneut 5 min bei 500 g zentrifugiert und in einem benötigten Volumen DMEM-Vollmedium resuspendiert. Die Zellen werden zunächst auf die (10 cm ø) Zellkulturschale mit 10 ml DMEM Vollmedium ausplattiert. Die Kultivierung der Zellen erfolgt ÜN im Zellkultur-Inkubator bis sich die Zellen auf dem Boden der Zellkulturschale angehaftet haben. Das Medium wird entfernt und durch frisches DMEM Vollmedium ersetzt. Die Zellen werden bis zu der 70% Konfluenz im Zellkultur-Inkubator kultiviert. Die Zellen werden mit PBS (1 x) 3-mal gewaschen. Die Zellen werden mit 1 ml der Accutase™ (HEK 293 und COS-7 Zellen) oder 1 ml Trypsin in PBS (1x) (bei EA hy 926 Zellen) überschichtet und bei 37 ℃ für 20 min im Z ellkultur-Inkubator inkubiert. Die Zellen sind von der Plattenoberfläche gelöst, werden in DMEM ohne Zusätze resuspendiert und mittels der Neubauer-Zählkammer ausgezählt. Die benötigte Zellzahl wird auf eine neue Zellkulturschale ausgesät.

3.2.2.2 Kultivierung von Flp-In™ 293 Zellen

Die Zellsuspension wird nach dem Auftauen in ein Röhrchen mit 9 ml DMEM ohne Zusätze überführt und 5 min bei 500 g zentrifugiert. Das Zellpellet wird mit 10 ml DMEM ohne Zusätze resuspendiert und 5 min bei 500 g zentrifugiert und in einem benötigten Volumen DMEM-Vollmedium resuspendiert. Die Zellen werden auf eine (10 cm ø) Zellkulturschale in 10 ml DMEM Vollmedium ausplattiert. Die Kultivierung der Zellen erfolgt ÜN im Zellkultur-Inkubator bis sich die Zellen auf dem Boden der Zellkulturschale angehaftet haben. Das Medium wird entfernt und durch DMEM Selektionsmedium mit einer, vom Hersteller empfohlenen, Konzentration von Zeocin™ (100 µg/ml) ersetzt. Die Zellen werden bis zu der 70%igen Konfluenz im Zellkultur-Inkubator kultiviert, 3-mal mit PBS (1 x) gewaschen, mit Accutase™ überschichtet und 20 min im Zellkultur-Inkubator inkubiert. Die, von der Plattenoberfläche gelösten, Zellen werden in DMEM ohne Zusätze resuspendiert und mit Hilfe einer Neubauer-Zählkammer ausgezählt. Benötigte Anzahl der Zellen pro Platte wird auf eine neue Zellkulturschale oder Platte ausgesät.

3.2.2.3 Kultivierung von stabil transfizierten HEK 293 und Flp-In 293 Zellen

Die Zellsuspension wird nach dem Auftauen in ein Röhrchen mit 9 ml DMEM ohne Zusätze überführt und 5 min bei 500 g zentrifugiert. Das Zellpellet wird mit 10 ml DMEM ohne Zusätze resuspendiert und 5 min bei 500 g zentrifugiert und in einem benötigten Volumen DMEM-Vollmedium resuspendiert. Die Zellen werden auf eine (10 cm ø) Zellkulturschale in 10 ml DMEM Vollmedium ausplattiert. Die Kultivierung der Zellen erfolgt ÜN im Zellkultur-Inkubator bis sich die Zellen auf dem Boden der Zellkulturschale angehaftet haben. Das Medium wird entfernt und durch frisches DMEM Selektionsmedium mit 150 µg/ml Hygromycin B ersetzt. Die Zellen werden bis zu der 70% Konfluenz im Zellkultur-Inkubator kultiviert, 3-mal mit PBS (1 x) gewaschen, mit Accutase™ überschichtet und 20 min im Zellkultur-Inkubator inkubiert. Die, von der Plattenoberfläche gelösten, Zellen werden in DMEM ohne Zusätze resuspendiert und mit Hilfe einer Neubauer-Zählkammer ausgezählt. Benötigte Anzahl der Zellen pro Platte wird auf eine neue Zellkulturschale oder Platte ausgesät.

3.2.2.4 Zellzahlbestimmung (Neubauer-Zählkammer)

Das Deckgläschen wird kurz angehaucht, auf die Trägerstege gepresst und über das Zählfeld der Neubauer-Zählkammer geschoben, bis *Newtonschen Ringe* zu sehen sind. Es werden 10 µl Zellsuspension am Rand des Deckgläschens langsam pipettiert und durch Kapillarkraft in das Zählfeld der Neubauer-Zählkammer gezogen. Die Anzahl der Zellen pro ml wird berechnet aus: der gezählten Zellzahl in 4 großen Quadraten (bestehend aus 3 mal 3 Quadraten mit Kantenlänge von 1 mm) durch die Anzahl großer Quadrate mal 10000 (Volumen der Zellkammer beträgt 0,1 mm^3) und mal den Verdünnungsfaktor. Die Gesamtzahl der Zellen ergibt sich aus dem Volumen in dem sich die Zellen befinden.

3.2.2.5 Transfektion eukaryontischer Zellen (FuGENE 6, Roche™)

Bei der Transfektion werden die Empfehlungen des Herstellers berücksichtigt. $1*10^5$ HEK Zellen werden pro Well auf der 6-Well-Platte ausgesät und in 2 ml pro Well DMEM Vollmedium ÜN im Zellkultur-Inkubator kultiviert. Die Konfluenz der Zellen beträgt am nächsten Tag etwa 70%. Das DMEM Vollmedium wird durch frisches DMEM Vollmedium ersetzt und die Zellen für 2 h im Zellkultur-Inkubator weiterkultiviert. 100 µl DMEM pro Transfektionsansatz wird in ein Eppendorf-Reaktionsgefäß gegeben, mit 3 µl FuGENE 6 Transfektionsreagenz vorsichtig versetzt, ohne dass das Transfektionsreagenz mit der Gefäßwand in Berührung kommt. Es folgt ein Inkubationsschritt von 5 min, der Transfektionslösung wird 1 µg Vektor-DNA zugefügt und die Lösung durch vorsichtiges Auf- und Abpipettieren gut gemischt. Die Lösung wird für 20 min inkubiert. Die Lösung wird tröpfchenweise auf die Zellen gegeben und durch leichtes seitliches Schütteln mit dem Zellkulturmedium in dem Well vermischt. Die Zellen werden ÜN im Zellkultur-Inkubator kultiviert, das Zellkulturmedium durch DMEM Vollmedium ersetzt. Die Zellen werden 4 h im Zellkultur-Inkubator weiter inkubiert, danach abhängig von Versuchsaufbau weiterverarbeitet.

3.2.2.6 Kryokonservierung von eukaryontischen Zellen

Die Nunc™ Cryotubes und das Einfriermedium werden auf Eis gekühlt. Die eukaryontischen Zellen werden wie in den Kultivierungsprotokollen 3.2.2.1, 3.2.2.2 und 3.2.2.3 beschrieben vom Boden der Zellkulturschale durch Accutase™ oder Trypsin abgelöst. Die Zellen werden in ein 15 ml Reaktionsgefäß überführt und bei 500 x g für 5 min zentrifugiert. Das Zellpellet wird auf Eis mit DMEM ohne Zusätze resuspendiert und bei 500 x g erneut zentrifugiert. Das Zellpellet wird mit DMEM ohne Zusätze resususpendiert, mit dem Einfriermedium versetzt und in die Nunc™ Cryotubes überführt. Die Lagerung erfolgt bei -80 °C.

3.2.2.7 Ermittlung optimaler Konzentration von Hygromycin B

Die Einsatzbandbreite von Hygromycin B ist mit 50 bis 1000 µg/ml Selektionsmedium von dem Hersteller angegeben. Die optimale Konzentration für die HEK 293 und Flp-In™-293 Zellen wird vor den Selektionsexperimenten ermittelt. $1*10^5$ Zellen werden pro Well auf der 6-Well-Platte mit 2 ml DMEM Vollmedium pro Well ausplattiert und mit unterschiedlicher Konzentration von Hygromycin B versetzt. Das Selektionsmedium mit der jeweiligen Hygromycin B Konzentration wird täglich durch frisches Selektionsmedium ersetzt und die Zellen lichtmikroskopisch überprüft. Die optimale Konzentration des

Selektionantibiotikums sollte die Zellen zu 100% nach 10 Tagen abtöten. Eine Konzentration von Hygromycin B von 150 µg/ml Selektionsmedium ist optimal für die beiden Zelllinien.

3.2.2.8 Etablierung rhCTGF exprimierenden HEK 293 Klonen

Die Vektor-DNA pcDNA5/FRT TO enthält ein Hygromycin B Resistenzgen, die Selektion der transfizierten Zellen erfolgt durch Selektion mit Hygromycin B in das Selektionsmedium. Die HEK 293 (HEK) Zellen werden mit FuGENE 6 und pcDNA5/FRT TO-hCTGF transfiziert, mit Accutase™ vom Boden der Wells der 6-Well-Platte abgelöst und in unterschiedlichen Verdünnungen auf (ø 10 cm) Zellkulturschalen verteilt und ÜN in DMEM Vollmedium im Zellkultur-Inkubator kultiviert. Das Vollmedium wird durch Selektionsmedium ersetzt, die Zellen 14 Tage weiterkultiviert, dabei das Selektionsmedium jeden zweiten Tag durch frisches Selektionsmedium ersetzt. Es entstehen runde Zellhaufen (Zellklone) auf dem Boden der Zellkulturschalen, welche auf wenige verbliebenden Zellen zurückzuführen sind. Das Selektionsmedium wird entfernt und die Zellkulturschale 3-mal mit PBS (1 x) gewaschen. Die Zellklone werden mit 3 µl Accutase™ überschichtet, mit einer Eppendorf Pipette Zellen in eine sterile Pipettenspitze aus der Mitte des Zellklons angesaugt und in jeweils ein Well der 96-Well-Platte mit 100 µl Selektionsmedium überführt. Es folgt eine Kultivierung für weitere 20 Tage, das Selektionsmedium wird alle 5 Tage ersetzt und Zellproliferation lichtmikroskopisch überprüft. Die CTGF-Expression wird durch Western Blot sowie CTGF-ELISA überprüft. Die CTGF exprimierenden exprimierenden und Hygromycin B resistenten Zellen werden jeweils aus den Wells der 96-Well-Platte in Wells der 24-Well und dann 6-Well-Platte übertragen. Die CTGF exprimierenden Zellen werden 3-mal mit PBS (1 x) gewaschen, mit 300 µl Accutase™ pro Well beschichtet und vom Boden des Wells abgelöst. Die Zellen werden mit DMEM Vollmedium ad 0,5 Zellen pro 100 µl verdünnt, 100 µl der Zellsuspension pro Well der 96-Well-Platte übertragen. Die 96-Well-Platten werden ÜN in dem Zellkultur-Inkubator kultiviert, das DMEM Vollmedium wird durch Selektionsmedium ersetzt. Es folgt eine 21-Tage Kultivierungsperiode der *subklonierten* HEK Klone, das Selektionsmedium wird alle 3 Tage gewechselt. Die Wells werden regelmäßig unter dem Lichtmikroskop auf Zellproliferation überprüft. Die Wells mit jeweils einer einzelnen Zelle werden markiert und auf jeweils eine (10 cm ø) Zellkulturschale expandiert. Die stabil transfizierten HEK Klone werden kryokonserviert und für die Produktion von rhCTGF verwendet.

3.2.2.9 Etablierung rhCTGF exprimierenden Flp-In™ 293 Klonen

Die Flp-In™ 293 Zellen werden nach den Empfehlungen von Invitrogen ausgesät. Die parentalen Flp-In™ 293 Zellen sind stabil mit dem pFRT/lacZeo Vektor transfiziert, welcher die so genannte Flp-In™ Kassette liefert. Die FRT Sequenz stamm ursprünglich aus *Saccharomyces cerevisiae* und enthält eine Bindestelle für die Flp Rekombinase. Die parantalen Zellen waren daher Zeocin™-resistent und exprimierten stabil die β-Galaktosidase unter der Kontrolle des SV40 Promoters. Die Kultivierung der parentalen Flp-In™ 293 Zellen erfolgt in dem Zeocin™ Selektionsmedium (Vollmedium mit 100 µg/ml Zeocin). Der pOG44 Vektor kodiert die Flp Rekombinase. Die Co-Transfektion der Flp-In™ 293 Zellen mit pcDNA5/FRT TO-hCTGF sowie pOG44 erlaubt die Integration des Gens des Interesses in die pFRT/lacZeo Kassette. Die homologe Rekombination erzeugt die gewünschten Zellen, welche stabil Hygromycin B resistent sind und rhCTGF unter der Kontrolle des CMV-Promoters exprimieren. Die Zellen werden zunächst in einer Zelldichte von $3*10^5$ Zellen pro Well auf einer 6-Well-Platte ausgesät und ÜN in DMEM Vollmedium bei 37℃ im Zellkultur-Inkubator kultiviert. Die Co -Transfektion mit den beiden Vektoren erfolgt in einem Verhältnis zwischen den beiden Vektoren von 1 zu 10 (0,1µg pOG44 zu 1µg pcDNA5/FRT TO-hCTGF) mit FuGENE 6 wie beschrieben in Kapitel 3.2.2.5. Die Zellen werden nach der Transfektion ÜN im Zellkultur-Inkubator kultiviert, mit Accutase™ vom Boden der Wells der 6-Well-Platte abgelöst und in unterschiedlichen Verdünnungen auf (ø 10 cm) Zellkulturschalen verteilt und ÜN in DMEM Vollmedium im Zellkultur-Inkubator kultiviert. Das DMEM Vollmedium wird durch das Selektionsmedium mit 150 µg/ml Hygromycin B ersetzt, die Zellen 14 Tage kultiviert, das Selektionsmedium alle 2 Tage gewechselt. Es entstehen runde Zellhaufen (Zellklone) auf dem Boden der Zellkulturschalen, welche auf wenige verbliebenden Zellen zurückzuführen sind. Das Selektionsmedium wird entfernt und die Zellkulturschale 3-mal mit PBS (1 x) gewaschen. Die Zellklone werden mit 3 µl Accutase™ überschichtet, mit einer Eppendorf Pipette Zellen in eine sterile Pipettenspitze aus der Mitte des Zellklons angesaugt und in jeweils ein Well der 96-Well-Platte mit 100 µl Selektionsmedium überführt. Es erfolgte notwendiger Mediumwechsel alle 3 Tage, um die Konzentration an Hygromycin B auf dem gleichbleibenden Niveau zu erhalten. Die Wells, in denen sich nur ein einzelner Zellhaufen (Zellklon) nach etwa 10-14 Tagen gebildet hat, werden weiter kultiviert und mit Hilfe eines CTGF-ELISA auf Expression von CTGF getestet. Nach Erreichen der 70%iger Konfluenz werden die exprimierenden Klone in eine 24-Well-Platte überführt, jeweils ein Klon pro Well und weiter selektioniert. Die am stärksten CTGF exprimierenden Klone werden zunächst über die 6-Well-Platten und dann auf die Zellkulturplatte expandiert. Die Hygromycin B resistenten und rhCTGF exprimierenden Flp-In™ 293 Klone werden kryokonserviert (3.2.2.6).

3.2.3 Etablierung der adenoviralen Überexpression für rrNOV

3.2.3.1 Adenoviraler Expressionsvektor AdEasy-CMV-rNOV

Die kodierende Region des NOV (Ratte) Gens aus dem Plasmidklon IRAKp961P24175Q (ImaGENE, Berlin, Deutschland) dient als *'template'* für die Klonierung. Die PCR wird mit den beiden Primern: 5`-(TTG TAG AAT TCA GCA GGC AGA ACA TG)-3' und 5'-(TTA CCG GTA CAT TTC TCC TCT GCT)-3` durchgeführt. Die amplifizierte Sequenz wird zunächst in den pGEM™-T-Easy Vektor kloniert. Nachfolgend wird die amplifizierte Sequenz aus dem pGEM™-T-Easy Vektor mit Hilfe der *Eco*RI/*Age*I herausgeschnitten und in die multiple Klonierungsstelle des pcDNA3.1/V5-HisA Vektors kloniert. Danach wird die entstandene NOV Expressionskassette durch einen *Eco*RI- und *Pme*I-Verdau aus dem Vektor geschnitten und mit Hilfe des *Klenow*-Fragments aufgefüllt. Die NOV Expressionskassette wird in den adenoviralen '*shuttle*' Vektor pShuttle-CMV (Stratagene, Agilent Technologies, Waldbronn, Deutschland) kloniert. Für die Erzeugung der rekombinanten adenoviralen Vektor-DNA wird der entstandene Vektor (pShuttle-CMV-NOV) durch *Pme*I linearisiert. Die Co-Transformation des linearisierten pShuttle-CMV-rNOV zusammen mit dem adenoviralen Rückgrat (*backbone*) Vektor pAdEasy-1 (Stratagene) wird der *E. coli* Stamm BJ5183 verwendet. Der rekombinante Vektor pAdEasy-1-CMV-rNOV wird isoliert und sequenziert. Die Transfektion von HEK 293A Zellen dient der Produktion der adenoviralen Partikeln über die standardisierte Transfektions-, Amplifikations- und Aufreinigungstechnik.

3.2.3.2 Expression des rrNOV (Ratte) in COS-7 Zellen

Die COS-7 Zellen werden im DMEM Vollmedium bis zum Erreichen der 95%igen Konfluenz in den (ø 10 cm) Zellkulturschalen im Zellkultur-Inkubator kultiviert. Die Infektion der COS-7 Zellen mit dem pAdEasy-1-CMV-rNOV Vektor erfolgt für 24 h in

DMEM Infektionsmedium (4% (v/v) FCS, 4 mM L-Glutamin und 100 U/ml Penicillin und 100 µg/ml Streptomycin) mit 2*10^8 Virionen/ml. Das Infektionsmedium wird abgenommen und die Zellen mit serumfreien DMEM gewaschen, um die freien Virions zu entfernen. Die Überexpression von rrNOV erfolgt für 45 h in 4,5 ml DMEM Expressionsmedium (ø 10 cm) Zellkulturschale.

3.2.4 Biochemische Analyse

3.2.4.1 Dot Blot

Das Prinzip der Dot Blot Methode ist die direkte Bindung der Proteinprobe mit Hilfe eines, von einer Pumpe erzeugten, Unterdrucks an die Nitrocellulose-Membran. Diese Methode kann für einen schnellen, direkten immunologischen Nachweis des gesuchten Proteins in der Probe verwendet werden, wenn der verwendete Antikörper eine geringe Kreuzreaktion mit anderen Proteinen aufweist. Die Nitrocellulose-Membran wird in benötigter Größe abgeschnitten und in 10%igen Methanol (aq.) für 20 min auf dem Schüttler inkubiert. Die Nitrocellulose-Membran wird zwischen den beiden Modulen der Dot/Slot Apparatur (Roth) eingespannt, eine Membranpumpe wird über einen Schlauch an die Auffangschale angeschlossen und Unterdruck erzeugt. Die Proben werden in gleicher Menge in die Aussparungen des oberen Moduls gegeben. Nach dem durchsickern der Flüssigkeit wird die Nitrocellulose-Membran mit den darauf immobilisierten Proteinen aus der Apparatur herausgenommen und in Magermilchpulver 5% (w/v) in TBST 1 h geblockt. Die Nitrocellulose Membran wird bei RT für eine Stunde mit einer 1:1000 Verdünnung des Erstantikörpers (L-20, *Goat anti* CTGF) in Antikörper-Verdünnungslösung inkubiert. Die Membran wird 3 mal 5 min mit TBS-T (Tween-20 0,1% v/v) gewaschen. Die Inkubation mit einer 1:5000 Verdünnung des Zweitantikörpers (sc-2056, *donkey-anti-goat* HRP *coupled*) erfolgt in Antikörper-Verdünnungslösung für 30 min. Die Membran wird 3 mal 5 min mit TBS-T (Tween-20 0,1% (v/v)) gewaschen. Es folgt ein kurzer Waschschritt in TBS. Die Nitrocellulose-Membran wird mit dem *SuperSignal®* West Pico Chemiluminescent Substrat von Pierce (Pierce Bioscience, USA) beschichtet und 5 min bei RT inkubiert. Die Detektion der Chemolumineszenz wird im Lumi-Imager™ durchgeführt.

3.2.4.2 Überprüfung der Expression von rhCTGF durch Immunocytochemie

Die Zellen werden auf poly-L-Lysin beschichtete Deckgläschen in DMEM Vollmedium ausgesät und ÜN im Zellkultur-Inkubator kultiviert. Das DMEM Vollmedium wird abgenommen und die Zellen 3-mal mit PBS (1x) gewaschen und in 4%igen (v/v) Paraformaldehyde in (1 x) PBS für 10 min fixiert. Die Permealisierung der Zellmembranen erfolgt mit 0,1%igen (w/w) Natriumcitrat und Triton X für 2 min auf Eis. Das Blocken von zelleigenem Biotin sowie Avidin wird durch die Inkubation der Deckgläschen durch Biotin Blocking Reagent und Avidin Blocking Solution (X0590) (DAKO, Dänemark) nach Instruktion von dem Hersteller für jeweils 10 min bei RT durchgeführt. Die unspezifischen Epitope für den Anti-CTGF Antikörper (L-20) werden durch Inkubation der Zellen in 50%igen (v/v) FCS, 1%igen BSA (w/v), 0.1%ige (v/v) Fischgelatine in PBS für 1 h bei RT abgesättigt. Nach dem erneuten, 3-maligen Waschen in PBS (1 x), werden die Zellen mit einer 1:300 Verdünnungslösung von dem Anti-CTGF Antikörper L-20 (*SantaCruz Biotechnology*) in PBS (1 x) mit 1%igen (w/v) BSA ÜN bei 4 °C inkubiert. Die Zellen werden 3-mal mit PBS (1 x) gewaschen und mit biotinylierten Anti-Ziege-IgG (1:300 in PBS (1 x)) für eine Stunde bei RT inkubiert. Nach einem weiteren Waschschritt werden die Zellen mit dem Streptavidin (gekoppelt mit FITC) für 30 min bei RT inkubiert. Die DAPI-Färbung der Zellkerne wird durch Überschichtung der Deckgläschen mit einer 1 µM DAPI Lösung für 30 sec durchgeführt. Die Aufnahmen der Zellen werden unter dem Fluoreszenz Mikroskop mit dem 405 nm sowie 560 nm Filter durchgeführt. Die Überlagerung der Einzelbilder erfolgt mit der Discus Software (Version 4.50.1638, technisches Büro Hilgers, Königswinter, Deutschland).

3.2.4.3 Isolation der rekombinanten Proteine aus dem Expressionsmedium

Die Expression des rhCTGF erfolgt durch die ausgesäten stabilen CTGF-exprimierenden 293 Zellklone (HEK 293 und Flp-In™ 293). $2*10^6$ Zellen von stabilen HEK 293 oder Flp-In™ 293 Zellklonen werden pro (ø 10 cm) Zellkulturschale ausgesät und für 24 Stunden im DMEM Vollmedium kultiviert bis zu einer Konfluenz von 70%. Das DMEM Vollmedium wird durch 7 ml pro Zellkulturschale DMEM Expressionsmedium ausgetauscht. Die Gesamtzahl der Zellkulturschalen beträgt 60 pro Präparationsansatz. Die Expression von dem rekombinanten humanen CTGF erfolgt über 48 Stunden. Die Überexpression von rrNOV erfolgte in den, mit Ad-CMV-rNOV infizierten, COS-7 Zellen für 45 h in 4,5 ml DMEM

Expressionsmedium pro (ø 10 cm) Zellkulturschale. Pro Präparation von rrNOV werden COS-7 Zellen auf 60 Zellkulturschalen kultiviert und mit Ad-CMV-rNOV infiziert. Das konditionierte DMEM Expressionsmedium (Überstand) wird in beiden Präparationen abgenommen und bei 4000 g und 4 °C für 20 min zentr ifugiert. Der Überstand und alle verwendeten Puffer werden jeweils durch Millipore™ (0,22 µm) Filter filtriert. Es wird ein Gesamtvolumen von 420 ml Überstand für die Isolierung von rhCTGF abgenommen. Für die Isolation von rrNOV werden 280 ml Überstand abgenommen. Der Überstand wird mit dem Tris/HCl Äquilibrierungspuffer (pH 7.0) ad 10 mM Tris/HCl versetzt. Die HiTrap™ HP Heparin (5 ml Säulenvolumen) (Invitrogen, Deutschland) Säule wird mit 5 Säulen Volumen 10 mM Tris/HCl (pH 7.0) Puffer äquilibriert. Der Auftrag des Überstandes erfolgt mit Hilfe einer 50 ml Spritze und eines Schraubeinsatzes mit maximal 5 ml pro Minute. Die Säule wird nach dem Auftrag zunächst mit 10 Säulen Volumen von Äquilibrierungspuffer (Tris/HCl, 10 mM, pH 7) gewaschen, um die nicht-gebundenen Proteine von der Heparinmatrix zu entfernen. Danach erfolgt der ‚*Wash-Step*' mit dem Wasch-Puffer (10 mM Tris/HCl, pH 7, 0,15 M NaCl), um die unspezifisch gebundenen Proteine von der Säule zu spülen. Die Elution des rhCTGF oder rrNOV erfolgt durch einen Stufengradienten von 0,4 bis 1,2 M NaCl gepuffert mit Tris/HCl pH 7.0. Die Säule wird zum Schluss mit 3 Säulen Volumen 4 M NaCl (Tris/HCl pH 7) und mit 5 Säulenvolumen 20% (v/v) Ethanol gewaschen. Der Gehalt der rekombinanten Proteine wird mit Hilfe eines Western Blots sowie einer SDS PAGE (Coomassie Gel) festgestellt. Die entsprechende Fraktionen (Eluate), welche die höchste CTGF oder rrNOV Konzentration aufweisen, werden gemischt und mit 10 mM Tris/HCl (pH 7) Puffer auf eine Konzentration von NaCl von etwa 150 mM verdünnt. Die HiTrap™ HP Heparin wird vorher mit 10 mM Tris/HCl pH 7, 150 mM NaCl äquilibriert. Die Lösung wird erneut über die Säule gegeben. Der Wasch-Schritt erfolgt mit 5 Säulen Volumen von dem Wasch-Puffer (10 mM Tris/HCl, pH 7, 0,275 M NaCl). Die Elution der rhCTGF und rrNOV erfolgt durch einen Stufengradienten mit der ansteigenden Konzentration von NaCl von 0,5 bis 1,2 M. Die eluierten Fraktionen werden auf CTGF oder NOV Gehalt mittels ELISA, Western Blot und Coomassie gefärbten SDS Gel getestet.

Die Gelfiltration von rhCTGF oder rrNOV wird mit der HiLoad 16/60 Superdex™ 75 *prep grade* Säule durchgeführt. Die Säule wird zuerst mit 1,2 Säulenvolumen Elutionspuffer (10 mM Tris/HCl pH 7, 300 mM NaCl) äquilibriert. Die Kalibrierung der Gelfiltration wird mit dem Gel-Filtration-Standard (Bio Rad, 151-1901) durchgeführt. Der Proteinstandard besteht aus Thyroglobulin (670 kDa), γ-Globulin (158 kDa), Ovalbumin (44 kDa), Myoglobin (17 kDa) und Vitamin B_{12} (1,350 kDa). Diese Proteine mit bekannten

Molekulargewichten decken das gesamte Auflösungspotential der Säule ab. Die Laufgeschwindigkeit beträgt 0,8 ml pro min mit dem GE *Healthcare* ÄKTA FPLC System (Pumpe P-950 und Photometer P-900). Das eluierte Volumen wurde in 3 ml Fraktionen aufgefangen. Durch den Einsatz des ÄKTA™ FPLC Systems ist ein gleichmäßiger Lauf der mobilen Phase gewährleistet. Der Laufpuffer enthält 10 mM Tris/HCl, pH 7, 300 mM NaCl. Die *Peak*-Fraktionen werden auf ihren rhCTGF oder rrNOV Gehalt mit dem Western Blot überprüft. Die Reinheitskontrolle der entsprechenden Fraktionen wird anhand der Anfärbung eines SDS Gels mit *Coomassie brilliant blue* durchgeführt.

3.2.4.4 Konzentrationsbestimmung von Proteinen

Die Proteinbestimmung von Zelllysaten und Überständen wird mit dem Pierce Micro BCA™ Protein Assay nach dem Protokoll von dem Hersteller (Pierce) durchgeführt. Die Proteinkonzentrationsreihe wird mit BSA angesetzt. Dafür wird zunächst eine 2 mg/ml Stocklösung in PBS (1X) hergestellt. Die Konzentrationsreihe umfasst Standardproteinkonzentrationen von 500, 250, 125, 62,5 und 31,25 µg/ml Protein und wird als Doppelbestimmung in die Wells (100 µl pro Well) der 96-Well Platte pipettiert. Die einzelnen Proben werden mit PBS (1 x) verdünnt, falls sie oberhalb des Messbereichs oder ankonzentriert, falls sie unterhalb des Messbereichs liegen. Es werden 100 µl der Proben als Doppelbestimmung in die Wells der 96-Well Platte pipettiert. Die drei Lösungen des MicroBCA Kits werden für eine 96-Well-Platte ad 10 ml gemischt aus MB A (5 ml), MB B (4,8 ml) und MB C (0,2 ml). 100 µl der Lösung werden dann in die Wells zu den Proben pipettiert und gemischt. Die Inkubation der Platte erfolgt bei 37°C für eine Stunde. Die Messung der Absorption bei 562 nm erfolgt in dem Victor 1420 *Multilabel Counter* in 96-Wellplatten. Die einzelnen Messwerte werden in die BSA Verdünnungsreihe interpoliert. Die ausgerechneten Konzentration werden mit Tabellenkalkulationsprogramm Excel (Microsoft) auf ihre tatsächliche Konzentration aus den Verdünnungsfaktoren umgerechnet.

3.2.4.5 Trichloressigsäure (TCA-) Fällung von Proteinen

Durch die TCA Fällung der Probe werden niedrig konzentrierte Proteine in einem geringeren Volumen gelöst und dadurch deutlich ankonzentriert. Die, in der Proteinlösung befindlichen, Detergenzien und Salze werden durch die TCA Fällung entfernt. Für die Stocklösung der Trichloressigsäure (100% w/v) werden 500 g TCA in 350 ml MilliQ Wasser gelöst und bei RT gelagert. Zu der Proteinlösung werden pro Volumen ¼ Volumen der TCA Stocklösung zugefügt. Nach einer Inkubation von 10 min bei 4°C wird die Probe bei 13000 rpm in der Tischzentrifuge 5 min pelletiert. Das Pellet wird 2-mal mit jeweils 200 µl eiskalten Aceton gewaschen und erneut 5 min zentrifugiert. Das Proteinpellet wird bei 95 °C auf dem Heizblock getrocknet, bis sich da s Aceton verflüchtigt hat. Das Pellet wird anschließend in dem (4 x) LDS Puffer mit 0,1 M DTT aufgekocht und für die SDS PAGE verwendet.

3.2.4.6 1D-SDS-PAGE

Die Proteinkonzentration in der jeweiligen Probe wird mittels MicroBCA Assay (Pierce) wie im Kapitel 3.2.4.4 beschrieben bestimmt und gleiche Proteinmengen pro Geltasche des Polyacrylamidgels aufgetragen. 20 µg der Protein-Probe werden mit dem NuPage LDS (4 x) Protein-Ladepuffer mit 0,1M DTT versetzt, für 5 min bei 92°C inkubiert, 1 min bei 13000 rpm in der Tischzentrifuge zentrifugiert und in die Geltaschen der NuPage™ (4-12%) Bis Tris Gele aufgetragen. Die Gele werden in der XCell SureLock™ Mini-Cell System eingesetzt, die SDS-PAGE der Proteine erfolgt im MES (1 x) Puffer. Die Startspannung beträgt 50 V für 15 min, danach beträgt die Spannung für 90 min 130 V. Die maximale Betriebsspannung der Gel Kammer beträgt 200 V, allerdings muss diese dann auf Eis gekühlt werden.

Für die zweite Dimension der 2D-SDS-PAGE wird ein selbst hergestelltes 12%iges Polyacrylamid-Gel benutzt. Es wird das System der Firma Biorad (*Bio-Rad Laboratories*, Inc. Hercules, CA USA) für die Herstellung und auch die Elektrophorese der Polyacrylamid Gele verwendet. Das 12%ige Polyacrylamid Gel wird nach einer Standard Rezeptur für zwei Gele aus 6 ml Acrylamid 30%/bis-acrylamid 0,8%, 3,75 ml 1,5 M Tris/HCl pH 8,8, 4,95 ml ddH_2O, 75 µl des Radikalstarters Ammoniumpersulfat (APS) 20% und 7,5 µl des Polymerisierungskatalysator Tetramethylethylendiamin (TEMED) gegossen. Es werden Glasplatten mit einem 1 mm *Spacer* für die Auspolymerisierung der Gele verwendet. Es wird für die zweite Dimension kein Sammelgel hergestellt, das Polyacrylamidgel besteht nur aus dem Trenngel. Die Gelelektrophorese erfolgt für 20 min bei 120 V und danach für 40 min bei 180 V.

3.2.4.7 2D-SDS-PAGE

Diese Methode kombiniert die isoelektrische Fokussierung (IEF) und SDS-PAGE. Die IEF wird mit Hilfe der immobilisierten pH-Gradient (IPG) Streifen (pH 3-10; 7cm, BioRad) sowie der Isoelektrischen Fokussierugsapparatur (BioRad) entsprechend der Anweisung des Herstellers unter zulässigen Modifikationen des Protokolls durchgeführt. 250 ng von rhCTGF oder rrNOV werden ad 125 µl mit dem Rehydrierungspuffer (9 M Harnstoff, 4% CHAPS, 0,4% Ampholyte, 65 mM DTT und Bromphenol Blau) äquilibriert und entlang der Rille der Rehydrierungskassette aufgetragen. Der IPG Streifen werden vorsichtig ausgepackt, die Folie abgelöst und direkt luftblasenfrei auf den gesetzten Streifen der Probe gelegt, mit Mineralöl überdeckt und der Träger geschlossen. Die Rehydrierung des IPG Gelstreifens erfolgt zunächst 1 h passiv und anschließend aktiv ÜN bei konstanten 50 V und RT. Unter jedes Ende des IPG Streifens wird ein Stück angefeuchtetes Whatman-Papier gelegt, um einen besseren Kontakt zu den Elektroden der Apparatur herzustellen. Das Fokussierungsprogramm läuft im ersten Schritt linear von 250 V auf 500 V, im zweiten Schritt von 500 V auf 1000 V und 6500 V auf 8000 V. Es wird bei konstant 500 V gestoppt. Die ansteigende Spannung bewegt die Proteine entsprechend ihrer Ladung entlang des IPG Strips, bis zu dem Punkt, an dem die Gesamtnetzladung ausgeglichen wird. Nach dem das Fokussierungsprogramm abgeschlossen worden ist, wird der IPG-Streifen aus der Apparatur herausgenommen und in ein 50 ml Reaktionsgefäß überführt. Es werden 10 ml des Äquilibrierungspuffers (6 M Harnstoff, 30% (v/v) Glyzerol, 2% w/v SDS und 0,05 M Tris pH 8,8) mit 0,065 M DTT auf den IPG-Streifen gegeben. Es folgt eine Inkubation für 15 min bei RT, dabei werden die Disulfid Brücken reduziert und die Proteine mit SDS denaturiert. Der IPG-Streifen wird in H_2O gespült und mit 10 ml Äquilibrierungspuffer mit 0,135 M Iodacetamid 15 min bei RT inkubiert. Die freien SH-Gruppen werden dabei alkyliert und gegen Abspaltung geschützt. Der IPG-Streifen wird mit H_2O gespült und dann auf das obere Ende des vorher präparierten 12% PAA (Polyacrylamid) Trenngel luftblasenfrei gelegt. Der IPG-Streifen wird mit Agarose (*low melting*, 1%) abgeschlossen. Das Gel wird in die Gelelektrophorese Kammer eingespannt und eine SDS Polyacrylamidgelelektrophorese in dem Tris/Glyzin Laufpuffer (248 mM Tris, 192 mM Glyzin, 1% (w/w) SDS, pH 8,3), wie im Kapitel 3.2.4.6 beschrieben, durchgeführt. Nach dem Lauf wird das Gel entweder für die Coomassie Färbung mit anschließendem ‚In-Gel-Verdau' mit Trypsin (siehe 3.2.6.1.1) verwendet oder für den Proteintransfer auf die Nitrocellulose Membran für die immunologische Identifikation der Protein-Spots.

3.2.4.8 Western Blot (Immunblot)

Bei dem Western Blot werden die vorher durch eine SDS PAGE aufgetrennten Proteine mit Hilfe eines elektrischen Feldes aus der Gel Matrix auf eine Nitrocellulose-Membran übertragen. Ein Stück der Nitrocellulose-Membran wird für 30 min in 30%igen (v/v) (aq.) Methanol auf dem Schüttler inkubiert. Das Gel wird im vorgelegten Proteintransferpuffer äquilibriert. Das Whatmanpapier wird in, der Größe der Nitrocellulose-Membran entsprechende, Stücke geschnitten. Auf die Kathodenseite der Tranferkammer werden 3 Schwämme, gefolgt von 3 Whatmanpapierstücken und Polyacrylamidgel mit den aufgetrennten Proteinen gelegt. Das Polyacrylamidgel wird luftblasenfrei mit der Nitrocellulose-Membran gefolgt von 3 Stücken Whatmanpapier und 3 Schwämmen bedeckt und von der Anodenseite der Transferkammer abgeschlossen. Alle Komponenten werden vorher im Transferpuffer äquilibriert. Die verschlossene Transferkammer wird mit Proteintransferpuffer befüllt und eine Spannung von 90 V angelegt. Der Transfer von rhCTGF oder rrNOV dauert unter diesen Bedingungen 2 h. Die Nitrocellulose-Membran wird nach dem erfolgten Proteintransfer kurz in der Ponceau S Lösung inkubiert, um die übertragenen Proteine anzufärben. Die Proteinbanden werden elektronisch dokumentiert. Das Ponceau S hat eine Empfindlichkeit von 400 ng Proteinen pro Bande. Die Nitrocellulose-Membran wird in TBS wieder entfärbt und 30 min in 5%igen Magermilchpulver in TBS inkubiert. Danach wird die Nitrocellulose-Membran mit den primären Antikörper für die Proteindetektion in 2,5% Magermilchpulver in TBST inkubiert. Die Nitrocellulose-Membran wird 3 mal 5 min mit TBST gewaschen, die primären Antikörper werden durch die Meeretichperoxidase konjugierten Zweitantikörper detektiert. Die Entwicklung der Membran wird im Lumi-Imager™ ECL-Dokumentationssystem (Boeringer) durchgeführt. Die Nitrocellulose-Membran wird dafür 3 mal 5 min in TBST und 2 mal 5 min in TBS gewaschen und mit *Supersignal Chemoluminescent Substrate* (Pierce, Rockford, IL) 5 min inkubiert.

3.2.4.9 hCTGF ELISA

Die Nunc MaxiSorp™ 96-Well Platte wird zunächst mit dem *coating*-Antikörper (N-terminaler Anti-CTGF Antikörper (H-55), SantaCruz, USA), in dem Na-Carbonat Puffer ($NaCO_3$ 1,6 g/l, $NaHCO_3$ 2,2 g/l, pH 9,6) 1:1000 verdünnt, beschichtet. Es werden 100 µl/Well der Antikörperlösung pipettiert, die Platte ÜN bei 4°C in einer Feuchtkammer inkubiert. Die Platte wird mit 200 µl PBS-T (PBS (1X), 0,1% Tween 20) pro Well 3-mal mit Hilfe einer Mehrkanalpipette gewaschen. Zur Absättigung von unspezifischen Bindestellen auf der Well-Oberfläche wird die ELISA-Platte mit 150 µl/Well von *Blocking Buffer* (Thermoscience: SuperBlock™ Dry Blend Blocking Buffer in TBS, 37545) 1 h bei RT inkubiert. Die ELISA-Platte wird erneut 3-mal mit 200 µl PBS-T Puffer pro Well gewaschen. Es wird eine Konzentrationsreihe von 0 bis 500 ng/ml CTGF mit humanen, rekombinanten CTGF (BioVendor, *E. coli* exprimiert) gelöst in PBS-T hergestellt. Auf die Platte werden 50 µl PBS-T plus 50 µl Probe pro Well in einer Doppelbestimmung pipettiert und für 2 h auf dem Plattenschüttler bei RT inkubiert. Die Wells werden erneut 3-mal mit jeweils 200 µl PBS-T gewaschen. Der *capture*-Antikörper (L20) gerichtet gegen C-terminale Domäne von CTGF wird 1:1000 in PBS-T verdünnt und jeweils 100 µl pro Well pipettiert. Die Platte wird 1 h bei RT inkubiert und 3-mal mit 200 µl PBS-T pro Well gewaschen. Die biotinylierten Anti-Ziege Antikörper werden 1:20000 und Streptavidin/HRP 1:15000 in PBS-T zusammen verdünnt und jeweils 100 µl dieser Lösung pro Well pipettiert. Es folgt eine Inkubation auf dem Plattenschüttler für 1 h. Die Wells werden wiederholt 3-mal mit jeweils 200 µl/Well PBS-T (1 x) gewaschen. Es werden 150 µl des TMB Substrats (Pierce, USA) pro Well pipettiert, die Platte 10 min inkubiert, die Reaktion durch Gabe von je 100 µl/Well H_2SO_4 gestoppt. Die Absorption bei 450 nm wird in dem Wallac Viktor™ 1420 *Multilabel Counter Lumineszenz* gemessen. Die Absorptionswerte werden in die Verdünnungsreihe interpoliert und logarithmisch aufgetragen. Aus den interpolierten Werten ergibt sich die Konzentration von hCTGF.

3.2.4.10 Kolloidale Coomassie Färbung (G250) (Kang et al., 2002)

Die kolloidale Coomassie Färbung wird durch den Zusatz von Aluminiumsulfat zu der ursprünglichen Rezeptur (Neuhoff *et al.,* 1988) auf eine sehr hohe Empfindlichkeit gebracht. Die Minimalgrenze für eine Proteinbande beträgt 1 ng. Es werden 5% (w/v) Aluminiumsulfat 16 x Hydrat in H_2O gelöst. Die Lösung wird nach Gabe von Ethanol auf 10% (v/v) homogenisiert. Coomassie Brilliant Blue (CBB-G250) wird bis zu einer finalen Konzentration von 0,02% (w/v) zu der Lösung gegeben und für 2 h gerührt. Die Gabe von o-Phosphorsäure bis zu einer finalen Konzentration von 2% (v/v) färbt die Lösung grünlich. Die SDS Gele werden nach der Elektrophorese 2-mal mit Millipore Wasser gewaschen und in der Coomassie Suspension über Nacht gefärbt. Die Coomassie Suspension wird verworfen, das Gel 2-mal mit Millipore Wasser gewaschen. Bei Bedarf kann das Gel zusätzlich mit der Entfärbelösung aus 10% (v/v) Ethanol und 2% (v/v) o-Phosphorsäure in

H_2O entfärbt werden.

3.2.4.11 Coomassie Brilliant Blue Färbung (R250)

Coomassie Brilliant Blue wird in einer wässrigen Essigsäure (10%)/Methanol (20%) Lösung ad 0,25% (w/v) angesetzt. SDS Polyacrylamid Gel wird direkt in die Coomassie Färbelösung getaucht und 30 min auf dem Schüttler gefärbt. Die Entfärbung erfolgt in der wässrigen Essigsäure (10%)/Methanol (20%) Lösung. Die Proteine werden fixiert und an den basischen Aminosäureresten angefärbt. Die Empfindlichkeit liegt bei etwa 100 ng Protein pro Bande. Die mit Coomassie gefärbten Proteine können ohne Probleme massenspektrometrisch vermessen werden.

3.2.5 Charakterisierung der biologischen Aktivität von aufgereinigten, rekombinanten Proteinen

3.2.5.1 Proliferationsassay von EA hy 926 Zellen

Die Proliferation der EA hy 926 Zellen wird in einem BrdU-Inkorporationsassay (*Cell Proliferation ELISA, BrdU (colorimetric)* von Roche) bestimmt. Die EA hy 926 Zellen werden auf einer 12-Well Platte mit einer Zellzahl von $3*10^4$ Zellen/Well in DMEM Vollmedium ausgesät. Die Inkubation der Zellen erfolgt ÜN im Zellkultur-Inkubator. Das DMEM Vollmedium wird gegen Minimalmedium gewechselt, die Zellen 16 h im Zellkultur-Inkubator kultiviert und mit CTGF, TGF-β1, NOV oder PDGF-BBstimuliert (Dreifachansatz). Die Zellen werden 24 h im Stimulationsmedium und der entsprechenden Konzentration des Stimulans kultiviert. Das Medium wird gegen Stimulationsmedium mit 10 µM BrdU ersetzt, 16 h in Zellkultur-Inkubator kultiviert und 3-mal mit PBS (1 x) gewaschen. Die Fixierung der Zellen erfolgt entsprechend den Angaben des Herstellers mit dem *Ready-to-use* FixDenat-Lösung für 30 min. Der anti-BrdU Antikörper mit gekoppelter Meerrettichperoxidase wird in der mitgelieferten Antikörper-Verdünnungslösung 1:100 verdünnt und direkt auf die fixierten Zellen gegeben. Die Zellen werden mit PBS (1 x) 3-mal gewaschen. Die Inkubation der Platte erfolgt für 1 h auf dem Schüttler. Es werden 400 µl des TMB Substrats pro Well pipettiert und die Platte 10 min bei RT inkubiert. Die Reaktion wird durch Gabe von 1 M H_2SO_4 gestoppt und die Absorption *im Wallac Victor™ 1420 Multilabel Counter* bei 450 nm gemessen.

3.2.5.2 Einfluss von rhCTGF und rrNOV auf Smad3 Aktivierung

Die CAGA Sequenz, an die der Smad3 Komplex bindet, wurde im PAI-1 Promoter identifiziert (Dennler *et al.*, 1998). Um die Aktivierung von Smad3 nachzuweisen enthält der, auf pGL3-basic basierende, Reporterplasmid $(CAGA)_{12}$-MLP-Luc insgesamt 12 Kopien der CAGA Sequenz. Nach der Bindung von Smad3/4-Komplexen an die CAGA Sequenz wird die Aktivität von Luziferase über den MLP (adenoviraler *major late minimal promoter*) aktiviert (Dennler *et al.*, 1998).

$2*10^5$ Zellen/Well der EA hy 926 Zellen werden auf der 6-Well Platte ausgesät, im Vollmedium ÜN im Zellkultur-Inkubator kultiviert und das DMEM Vollmedium gewechselt. Die Zellen werden mit 1 µg $(CAGA)_{12}$-MLP-Luc und 3 µl FuGENE 6 Transfektionsreagenz wie im Kapitel 3.2.2.5 beschrieben, transfiziert. Das Vollmedium wird gegen das Minimalmedium ausgetauscht und die Zellen ÜN im Zellkultur-Inkubator kultiviert. Die Zellen werden danach mit dem jeweiligen Zytokin in Stimulationsmedium 24 h stimuliert, 3-mal mit PBS (1 x) gewaschen und mit dem *Cell Culture Lysis Reagent* (Promega) aufgeschlossen. Die Zelllysate werden 5 min auf Eis inkubiert, durch mehrmaliges Auf- und Abpipettieren aufgenommen und in Eppendorf-Reaktionsgefäße überführt. Die Lysate werden 10 min bei 15000 x g zentrifugiert und die Überstände in neue Eppendorf-Reaktionsgefäße überführt. Für die Messung im Microbeta 1450 Jet Liquid Scintillation & Luminescence Counter werden 100 µl *Luciferase Assay Reagent* (LAR, Promega) pro Well in einer schwarzen 96-Well-Platte vorgelegt, mit 20 µl Überstand vermischt und in einem 2 sec Messintervall nach dem Flashtype-Verfahren gemessen. Die Messung erfolgt in LCPS (*light counts per second*) und wird auf den Proteingehalt normiert.

3.2.6 Massenspektrometrische Charakterisierung von rhCTGF und rrNOV

3.2.6.1 Trypsin In-Gel-Verdau und ESI-MS/MS

Diese Methode dient der Untersuchung von der Sequenz der gesuchten Proteine, welche zuvor in einem 1D oder 2D Gelelektrophorese aufgetrennt worden sind (Rosenfeld *et al.*, 1992). Die wesentlichen Schritte bestehen darin die Proteine zu reduzieren und zu alkylieren, zu entfärben, mit anschließenden In-Gel-Verdau der Proteine mit Trypsin und Extraktion der Peptide. Durch die ESI-MS/MS Massenspektroskopie werden die Peptide charakterisiert. Die Arbeiten erfolgen bei RT falls nicht anders vermerkt.

3.2.6.1.1 Proteolytischer In-Gel-Verdau mit Trypsin

Die, mit Coomassie gefärbten, 38 kDa (rhCTGF) oder 45 kDa (rrNOV) Proteinbanden werden mit einem Skalpell aus dem SDS-Polyacrylamidgel herausgeschnitten, in 1,5-ml-Reaktionsgefäße überführt und mit 150 µl ddH_2O 5 min inkubiert. Die Probe wird bei 13000 rpm in der Tischzentrifuge zentrifugiert. Die Gelstücke werden mit einem 4-fachen Volumen an Azetonitril versetzt und 15 min inkubiert. Das Azetonitril bildet mit dem Wasser ein azeotropes Gemisch, wodurch das Wasser aus dem Gelstück entzogen wird. Die 1,5-ml-Reaktionsgefäße werden bei 13000 rpm in der Tischzentrifuge zentrifugiert, der Überstand abgenommen und 10 min in der Vakuumzentrifuge (*Speed Vac*) getrocknet. Die Gelstücke werden mit 200 µl 10 mM DTT in 100 mM Ammoniumhydrogencarbonat (NH_4HCO_3) überschichtet und für 30 min bei 56 °C inkubiert, um die darin enthaltenen Proteine zu reduzieren. Die Gelstücke werden erneut bei 13000 rpm in der Tischzentrifuge zentrifugiert und 15 min mit 150 µl Azetonitril inkubiert. Das Azetonitril wird abgenommen und durch 150 µl 55 mM Iodazetamid in 100 mM NH_4HCO_3 ersetzt. Die Inkubation der Gelstücke erfolgt abgedunkelt für 20 min bei RT. Die freien Cysteine werden durch Iodazetamid irreversibel reduziert. Die Iodazetamid-Lösung wird entfernt, die Gelstücken in 200 µl 100 mM NH_4HCO_3 15 min inkubiert. Die Gel-Partikel werden bei 13000 rpm in der Tischzentrifuge pelletiert und 15 min mit 150 µl Azetonitril entwässert. Das Azetonitril wird nach einem erneuten Zentrifugationsschritt abgenommen. Die Gelstücke werden in der Vakuumzentrifuge (*Speed Vac*) 10 min getrocknet. Die Gel-Partikel werden 15 min in 150 µl 100 mM NH_4HCO_3 inkubiert, mit 150 µl Azetonitril versetzt und 15 min gevortext, um den Coomassie Farbstoff von den Proteinen zu lösen. Der Überstand wird nach 5 min Zentrifugation bei 13000 rpm in der Tischzentrifuge verworfen und die Gelstücke 5 min durch Azetonitril entwässert. Nach einer Zentrifugation bei 13000 rpm in der Tischzentrifuge werden die Gelstücke in der Vakuumzentrifuge 15 min getrocknet. Die Gelstücke werden durch den Verdaupuffer (50 mM NH_4HCO_3, 5 mM $CaCl_2$ und 12,5 ng/µl Trypsin) bei 4 °C auf Eis für 45 min rehydriert. De r Überstand wird abgenommen und verworfen, anschließend werden die Gelstücke mit Verdaupuffer ohne Trypsinzusatz überschichtet (5-25 µl) und ÜN bei 37 °C inkubiert.

3.2.6.1.2 Analyse der proteolytischen Peptide

15 µl NH_4HCO_3 (25 mM) werden den Gelstücken zugefügt und bei 37°C 15 min auf dem

Schüttler inkubiert. Die Gel-Partikel werden bei 13000 rpm in der Tischzentrifuge zentrifugiert, der Überstand wird verworfen und 150 µl Azetonitril zugegeben. Die Gelpartikel werden erneut 15 min bei 37 °C unter Schütteln inkubiert, bei 13000 rpm in der Tischzentrifuge zentrifugiert, der Überstand abgenommen und in ein neues 1,5-ml-Reaktionsgefäß überführt. Der Überstand wird mit 50 µl 5%iger (v/v) Ameisensäure versetzt, 15 min bei 37°C inkubiert und bei 13000 rpm in der Tischzentrifuge zentrifugiert. Die extrahierten Peptide werden in ein neues 1,5-ml-Reaktionsgefäß überführt und in einer Vakuumzentrifuge 30 min getrocknet.

Die Analyse der proteolytischen Peptide erfolgt durch eine nanoHPLC-Chromatographie (Dionex) gefolgt durch die massenspektrometrische Messung mit dem ESI-MS/MS Massenspektrometer (Micromass Electrospray Q-Tof-2, Waters Corporation). Die MS/MS Technik verwendet zwei gekoppelte Massenanalysatoren, der eine fungiert als Massenfilter, dabei wird das isolierte, einzelne Peptid durch Helium zertrümmert. In dem zweiten Massenanalysator wird die Masse dieser Trümmer analysiert. Aus den Peptid-Massen lässt sich ein charakteristisches Massenspektrum, das sogenannte ‚Peptid-Massen Fingerabdruck' (*Peptid mass fingerprinting*, PMF) bestimmen. Die Identifizierung der Peptide erfolgt durch einen Abgleich der gemessenen Massen der trypsinisierten Peptide mit den Datenbankeinträgen (Swiss-Prot) mittels des MASCOT Algorithmus (Matrix Science, Boston, MA, USA).

3.2.6.2 Bestimmung der molekularen Masse von rhCTGF und rrNOV mittels MALDI TOF/TOF

Die interne Kalibrierung des ultrafleXtreme MALDI-TOF/TOF Massenspektrometer (Bruker Daltononics GmbH, Deutschland) erfolgt mit dem Protein Standard II von Bruker Daltonics. 250 ng rhCTGF und rrNOV werden ad 10 µl mit 5%iger (v/v) Ameisensäure in HPLC reinem Wasser vermischt. Die rhCTGF oder rrNOV Lösungen werden mit Hilfe von $ZipTip_{\mu\text{-}C18}$ hydrophoben Säulen nach den Empfehlungen des Herstellers entsalzen und gereinigt. Es wird jeweils 1 µl der gereinigten Proteinlösung zusammen mit 1 µl Matrixlösung aus 0,1 M Sinapinsäure (3,5-Dimethoxy-4-hydroxy-zimtsäure) in 30%igen Azetonitril und 0.1%igen (v/v) Trifluoressigsaure (TFA) auf eine MALDI-Metallplatte gegeben und kurz an der Luft co-kristallisiert. Die Massen von rhCTGF und rrNOV werden mit dem MALDI-TOF/TOF Massenspektrometer (ultrafleXtreme MALDI-TOF/TOF Massenspektrometer, Bruker Daltononics GmbH) bestimmt.

3.2.7 Untersuchung der Glykosylierung von rhCTGF und rrNOV

3.2.7.1.1 Deglykosylierung von rhCTGF und rrNOV mit Endoglykosidase H

Endo H (Endo-β-N-acetylglucosaminidase) spaltet vorwiegend N-Glykane vom *„high mannose*"-Typ an der β(1-4) Bindung zwischen den ersten beiden GlcNac (*N*-Acetylglucosaminen), wobei das Oligosaccharid vollständig mit einem GlcNac am reduzierten Ende und das andere GlcNac an dem Asparagin-Rest bleibt.
Die Deglykosylierung wird entsprechend den Anweisungen von dem Hersteller (New England Biolabs, Ipswich, USA) mit 20 µg gereinigten rhCTGF und rrNOV durchgeführt. Die Proteinlösung wird mit 1/10 Volumen von (10 x) Glykoprotein Denaturierungspuffer (5% SDS, 0,4 M DTT) versetzt. Die Lösung wird 10 min bei 100 °C aufgekocht, dadurch soll eine Entfaltung der Proteine erfolgen und schwerzugänglichen Zuckerketten besser für das Enzym erreichbar werden. Die Lösung wird mit 1/10 Volumen von (10 x) Reaktionspuffer versetzt (0,5 M Natriumcitrat, pH 5,5). Die Inkubation mit 1000 U des Enzyms wird bei 37 °C durchgeführt. Die Überprüfung der Deglykosylierung erfolgt mittels SDS-PAGE und Western Blot.

3.2.7.1.2 Deglykosylierung von rhCTGF und rrNOV mit PNGase F

Die PNGase F (Peptid-N-(N-acetyl-β-glucosaminyl)-Asparaginamidase) spaltet spezifisch die N-glykosidische Bindung zwischen den Zuckerketten und den Asparagin-Resten zu NH_3, Polypeptid und vollständigen Oligosaccharid (2 GlcNAc am reduzierten Ende).
Die Deglykosylierung wird entsprechend den Empfehlungen von dem Hersteller (New England Biolabs, Ipswich, USA) mit 20 µg gereinigten rhCTGF und rrNOV durchgeführt. Die Lösung der gereinigten Proteinfraktion wird mit 1/10 Volumen von (10 x) Glykoprotein Denaturierungspuffer versetzt und bei 100 °C für 10 min aufgekocht. Es wird 1/10 Volumen von (10 x) G7 Reaktionspuffer (0,5 M Natriumphosphat, pH 7,5) zusammen mit 1/10 Volumen von 10% (v/v) NP-40 der Lösung zugefügt. Die Deglykosylierungsreaktion wird mit 1000 U PNGase F bei 37 °C für 1 h durchge führt.
Die deglykosylierten rhCTGF und rrNOV werden durch SDS-PAGE sowie Western Blot analysiert.

3.2.7.2 Überprüfung der Glykosylierung von transferierten rhCTGF und rrNOV

rhCTGF und rrNOV werden auf einem SDS-Polyacrylamidgel mit anschliessender Elektrophorese (siehe 3.2.4.6) getrennt und auf eine Nitrocellulose-Membran transferiert (siehe 3.2.4.8). Die Nitrocellulose-Membran wird durch die Inkubation mit PBS (1 x) versetzt mit 2% (v/v) Tween® 20 für 2 min bei RT auf dem Schüttler geblockt, 2-mal mit PBS (1 x) gespült und mit der (1 x) Roti®-Block Lösung ÜN bei 4°C inkubiert. Die Membran wird mit 1 µg Peroxidase gekoppelten Lektin (ConA-HRP) in 10 ml PBS (1 x) mit 0,05% (v/v) Tween 20, 1 mM $CaCl_2$, 1 mM $MnCl_2$ und $MgCl_2$ für 1 h bei RT inkubiert. Das überschüssige Lektin wird durch mehrfaches Spülen der Nitrocellulose-Membran mit PBS (1 x) entfernt. Die Peroxidase Aktivität wird nach der Standard Methode mit *Supersignal Chemoluminescent Substrate* (Pierce) dokumentiert (siehe 3.2.4.8).

4 Ergebnisse

4.1 Herstellung von rekombinantem hCTGF und rNOV

4.1.1 Transiente Expression von rhCTGF in HEK 293 und Flp-In™ 293 Zellen

Zur Etablierung von stabilen Zelllinien, die hCTGF und NOV überexprimieren, wurde zunächst die Transfektion der Zelllinien untersucht. Hierfür wurde die Expression von rhCTGF in HEK 293 sowie in Flp-In™ 293, die transient mit pcDNA5/FRT/TO-hCTGF mit oder ohne pOG44 transfiziert worden waren durch eine Western Blot Analyse überprüft. Das exprimierte rhCTGF ergibt eine Doppelbande bei 38 kDa im Zelllysat sowie im Zellkulturüberstand. Die Spezifität des Antikörpers (L-20) wurde durch das parallele Auftragen von rhCTGF (BioVendor) überprüft.

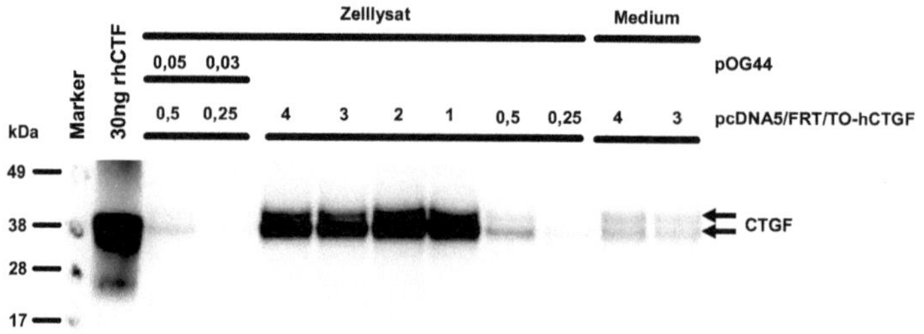

Abbildung 6: Transiente (Co-) Transfektion von parentalen Flp-In™ 293 Zellen mit pcDNA5/FRT/TO-hCTGF sowie mit und ohne pOG44. Die transiente Überexpression von rhCTGF ist abhängig von der eingesetzten Menge Vektor-DNA. Zur Analyse wurden die transient transfizierten Zellen lysiert, die Proteine aus den Lysaten sowie aus dem Kulturmedium im Western blot aufgetrennt und auf eine Nitrocellulose Membran transferiert. Der Nachweis von hCTGF erfolgte mit mit dem Antikörper L-20 Anti-CTGF (sc-14939, Santa Cruz). Die Detektion der mit dem Erstantikörper markierten Proteine erfolgte mit HRP-markiertem Zweitantikörper (sc-2056, Santa Cruz). Kontrolle: 30 ng rhCTGF (BioVendor). Links angegeben ist der Molmassenstandard, Pfeil markiert die erwartete Proteinbande.

Die transiente Expression von rhCTGF erfolgt in einer Abhängigkeit von der eingebrachten Menge an pcDNA5/FRT/TO-hCTGF Vektor. Ab einem Verhältnis von einem µg Vektor-DNA zu 3 µl FuGENE6 ist keine signifikante Steigerung der Expression von rhCTGF im Zelllysat mehr erkennbar. Der überwiegende Anteil des heterolog exprimierten hCTGF ist im Zelllysat zu finden. Demgegenüber ist die sezernierte Menge an hCTGF im Zellkulturüberstand sehr gering. Die Co-Transfektion mit dem pOG44 Vektor wird getestet, um das optimale Vektor Verhältnis für die stabile Transfektion zu bestimmen, und beeinflusst die Expression selber nur sehr gering. Die Selektion der stabil transfizierten Zellen, nach der Co-Transfektion mit pcDNA5/FRT/TO-hCTGF und pOG44, erfolgt mit Hygromycin B, entsprechend der Resistenz auf dem pcDNA5/FRT/TO Vektor.

4.1.1.1 Charakterisierung von rhCTGF exprimierenden 293 Klonen

Die Expression von rhCTGF erfolgt in den Zellen, die den Expressionsanteil des Vektors pcDNA5/FRT/TO-hCTGF stabil integriert haben. Die entsprechenden stabilen HEK 293 und Flp-In™ 293 Zellklone wurden durch Hygromycin selektioniert. Die Aufrechterhaltung der stabilen Integration erfolgte durch die Kultivierung der stabil transfizierten 293 Zellklone unter ständigem Hygromycin B Selektionsdruck, um den zufälligen Verlust der integrierten Vektor-DNA zu verhindern. Die stabil transfizierten Flp-In™ 293 sowie HEK 293 Zellklone sind über einen Zeitraum von 14 Monaten und über 100 Passagen kultiviert worden ohne Verlust der rhCTGF-Expression.

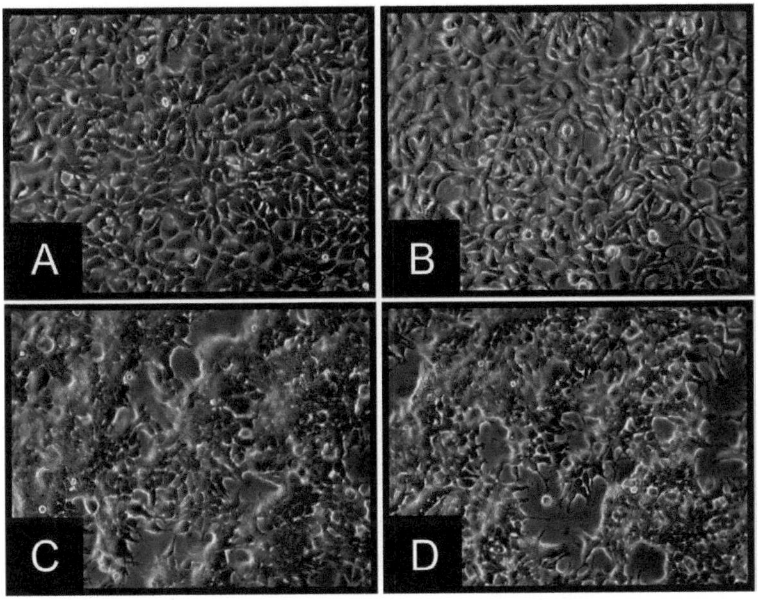

Abbildung 7: Vergleich der Zellmorphologie von stabil transfizierten Zellklonen und parentalen 293 Zelllinien. A: Parentale HEK 293 Zellen und B: auf HEK 293 basierender CTGF exprimierender Klon (HEK1/1); C: Parentale Flp-In™ 293 Zellen und D: auf Flp-In™ 293 basierender CTGF exprimierender Klon (WB4). Die Zellmorphologie von parentalen und mit pcDNA5/FRT TO-hCTGF stabil transfizierten Zellen zeigt keine große Veränderung. 200fache Vergrösserung. Durchlichtmikroskopie, Differential-Interferenz-Kontrast.

Die Zellmorphologie der stabil transfizierten Klone entspricht der Morphologie der parentalen Zellen (Abbildung 7). Die Zellteilung der stabilen Klone hat sich durch den Einbau der pcDNA5/FRT/TO-hCTGF Vektor-DNA nicht verändert. Die stabil transfizierten Flp-In™ 293 Zellklone sind Zeocin sensitiv.

Die immunologische Markierung der Zellklone ergab eine durchgehende Expression von rhCTGF in allen Zellen des Klons. Die Zellen werden wie im Kapitel 3.2.4.2 beschrieben, FITC markiert und hierdurch die Expression von rhCTGF in jeder Zelle festgestellt. Die Zellen des stabilen WB4 Klons exprimieren verstärkt das rhCTGF. Dagegen ist die Expression von CTGF in den parentalen Zellen kaum nachweisbar. Die Expression war wenn überhaupt sehr schwach, die nachweisbaren Signale waren auf Hintergrundniveau.

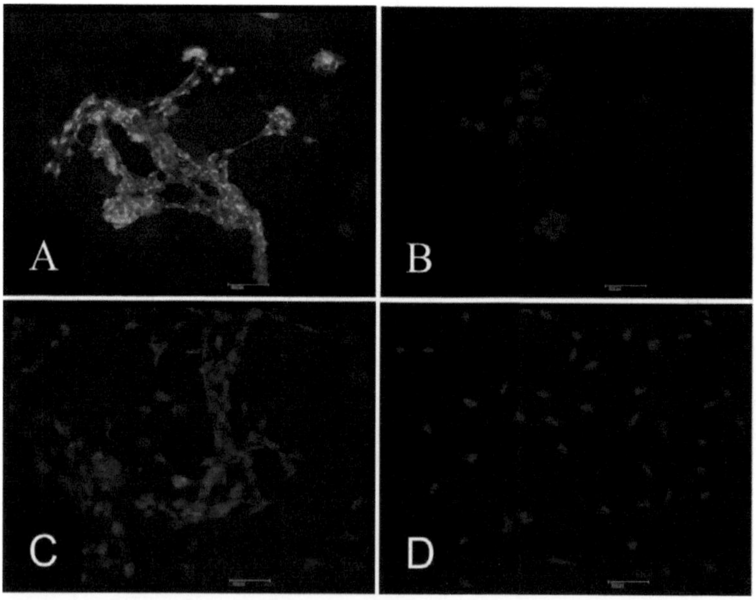

Abbildung 8: Immunologische Markierung von rhCTGF mit FITC-markiertem Antikörper (grün) in parentalen Zellen sowie stabil transfizierten Zellklonen. Die Zellen wurden mit 4% (v/v) Paraformaldehyd fixiert. Der rhCTGF Nachweis erfolgte mit dem L-20 Antikörper (SantaCruz Biotechnology) und einem FITC markierten anti-Ziege IgG. (A) stabil transfizierter Klon WB4 sowie Negativkontrolle mit normalem Ziegen IgG (B). (C) parentale HEK Zellen sowie Negativkontrolle mit normalem Ziegen IgG (D). Die Zellkerne sind mit DAPI markiert. 200fache Vergrößerung.

Die Auswahl der stabil transfizierten, rhCTGF exprimierenden Zellklone erfolgte durch den immunologischen Nachweis der rhCTGF Expression im Zellkulturüberstand mit Hilfe eines

DotBlots und eines CTGF ELISAs. Es ist ein repräsentativer DotBlot der unterschiedlich ausgeprägten CTGF Expression durch die 293 Zellklone dargestellt. Die Verdünnungsreihe aus kommerziell erhältlichem hCTGF (BioVendor) wird in PBS (1x) sowie DMEM Vollmedium hergestellt. Dabei wurde nur ein sehr geringer Einfluss des Wachstumsmediums auf den Nachweis von rhCTGF festgestellt. Eine quantitative Aussage konnte jedoch nicht mit dieser Methode gemacht werden, da schon kleinste Mengen an rhCTGF ein übermäßig starkes Signal verursachten (Abbildung 9). Die Klone, welche eine deutliche rhCTGF Expression aufwiesen wurden weiterkultiviert.

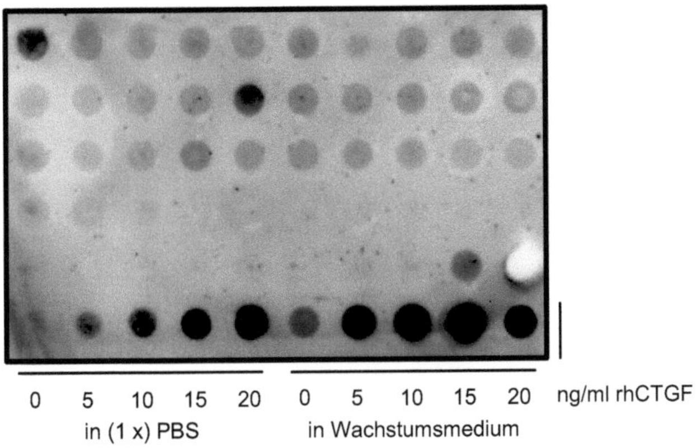

Abbildung 9: rhCTGF Expression in stabil transfizierten Zellklonen mit Hilfe des DotBlots. 50µl des Wachstumsmediums wurden aufgetragen. Die rhCTGF Expression wurde mit dem anti-hCTGF Antikörper (L-20) und HRP gekoppelten Zweitantikörper detektiert. Der rhCTGF Standard von BioVendor wurde in PBS (1x) sowie Wachstumsmedium verdünnt als Referenz aufgetragen.

Die Expression von endogenem CTGF in den parentalen 293 Zelllinien (HEK 293 und Flp-In™ 293) wurde mittels PCR sowie Western Blot nachgewiesen. Die Expression der hCTGF mRNA konnte in HEK (parental), LX2 sowie HSC-T6 Zellen und den entsprechenden stabilen 293 Zellklonen nachgewiesen werden (Abbildung 10). Die PCR wurde mit 27 Zyklen durchgeführt. Die Auftrennung der Fragmente erfolgte in einem 1%igen Agarosegel. Der Vergleich der mRNA-Expression mit der Proteinexpression zeigte, dass die tatsächliche Proteinmenge von CTGF nicht der mRNA Expression entspricht (siehe HEK 293 Zellen Abbildung 11).

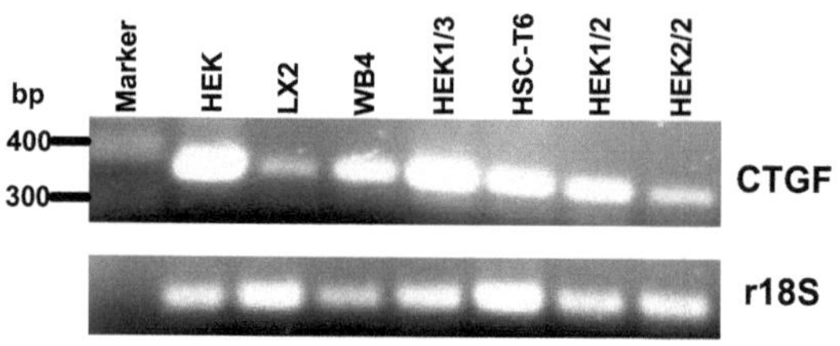

Abbildung 10: Expression der CTGF mRNA in parentalen HEK, 293 Zellklonen sowie Zelllinien hepatischer Sternzellen (LX2, humane Zelllinie; HSC-T6, Rattenzelllinie). Das erwartete hCTGF PCR-Produkt hat eine erwartete Größe von 362 bp. Bei der r18S PCR (PCR-Kontrolle) wird ein Produkt bei 289 bp erwartet. Die PCR wurde auf 27 Zyklen begrenzt.

Es war erkennbar, dass die parentalen HEK Zellen eine nachweisbare Menge der hCTGF mRNA transkribieren. Die Proteinmenge dagegen war sehr gering und nicht immunologisch in einem Western Blot nachweisbar (Abbildung 11). Der immunologische Nachweis der Expression von rhCTGF in den isolierten 293 Zellklonen entspricht in etwa der Menge der transkribierten mRNA. Um zu überprüfen, ob die Expression in den stabilen Zellklonen durch TGF-β1 induzierbar ist wurden die stabilen Zellklone sowie die parentalen HEK Zellen für 24 h mit 1 ng/ml TGF-β1 stimuliert. Die Expression von rhCTGF konnte in den Zelllysaten von stabil transfizierten 293 Zellklonen im Western Blot nachgewiesen werden. Es zeigte sich überwiegend nur die 38-kDa Bande von rhCTGF. Im Vergleich zu den stabilen Klonen ist die Expression in den parentalen Zellen sehr gering (hier nicht nachweisbar).

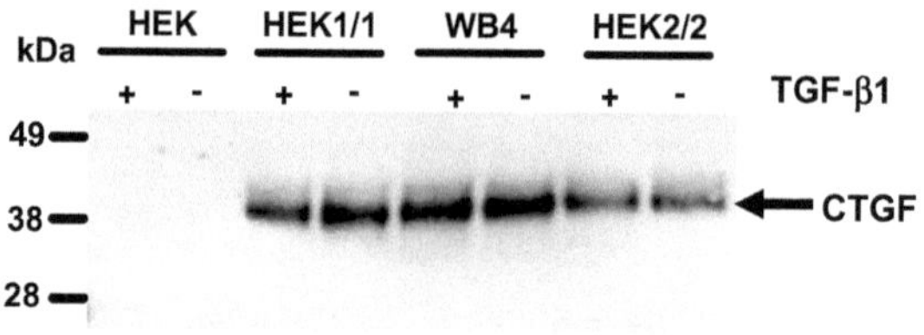

Abbildung 11: Nachweis der rhCTGF Expression in Zelllysaten von parentalen HEK 293 Zellen und stabil transfizierten Zellklonen im Western Blot. Die Stimulation mit TGF-b1 erfolgte in serumfreiem DMEM über 24 h. Die Kontrollen wurden in serumfreiem DMEM ohne Zytokine 24 h kultiviert. Es wurden 15 µg des Proteinlysates pro Spur auf das SDS-Polyacrylamid Gel aufgetragen. rhCTGF wurde mittels L-20 anti-hCTGF Antikörper und Esel-anti Ziege IgG Zweitantikörper gekoppelt mit Meerrettichperoxidase (HRP) detektiert. Links aufgetragen ist der Molmassenstandard, Pfeil markiert die erwartete Proteinbande.

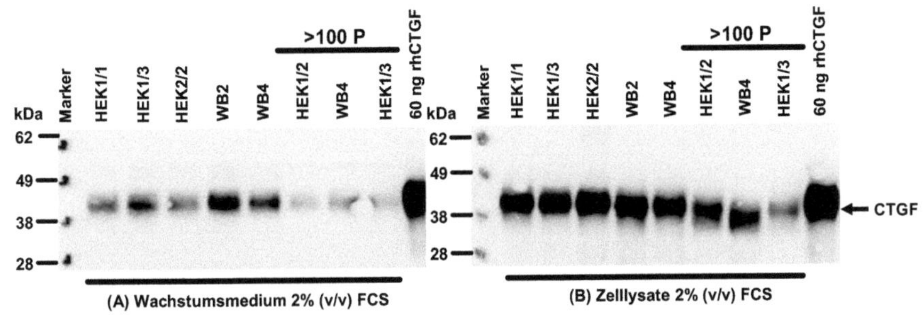

Abbildung 12: Kontrolle der rhCTGF Expression in 293 Zellklonen kultiviert in DMEM mit 2% (v/v) FCS. (A) Sezerniertes rhCTGF im Wachstumsmedium der stabilen 293 Zellklonen sowie (B) in den entsprechenden Zelllysaten der 293 Zellklone. 25 µg Protein wurden pro Spur aufgetragen. 60 ng rhCTGF (BioVendor) wurde als Positiv-Kontrolle aufgetragen. Links ist der Molmassenstandard aufgetragen, Pfeil markiert die erwartete Proteinbande. >100P: Zellen die mehr als 100 Passagen erfahren haben.

Die Abbildungen 12 und 13 zeigen das rhCTGF Expressionsprofil der stabilen 293 Zellklone in Abhängigkeit von FCS im DMEM Wachstumsmedium. Es ist ersichtlich, dass der Serumanteil im Medium keinen gravierenden Einfluß auf die Expression von rhCTGF hat. Da die Gesamtproteinkonzentration durch das FCS (10% versus 2%) deutlich erhöht wird, sinkt bei nahezu gleichbleibender rhCTGF Expression dessen Anteil am Gesamtprotein im Überstand. Aus diesem Grund ist die Proteinmenge bei 10% geringer. Festzuhalten ist jedoch, dass die Expression von rhCTGF in den Klonen mit hoher Passagenzahl deutlich abnimmt.

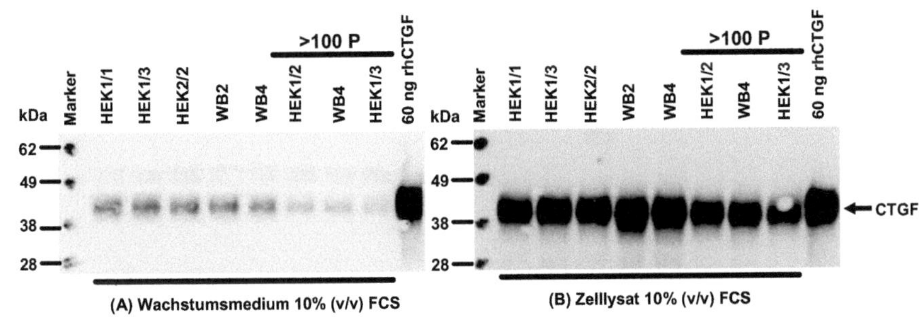

Abbildung 13: Kontrolle der rhCTGF Expression in den stabilen Expressionsklonen, die in DMEM Vollmedium kultiviert wurden. (A) Sezerniertes rhCTGF im Wachstumsmedium der stabilen 293 Zellklone sowie (B) im Zelllysat der entsprechenden Expressionsklone. 25 µg Protein wurden pro Spur aufgetragen. 60 ng rhCTGF (BioVendor) wurde als Positiv-Kontrolle aufgetragen. Links ist der Molmassenstandard aufgetragen, Pfeil markiert die erwartete Proteinbande. >100P: Zellen die mehr als 100 Passagen erfahren haben.

Wie oben schon gezeigt weisen die parentalen 293 Zelllinien nahezu keine CTGF Expression auf. Dies trifft sowohl für die Zelllysate als auch für mutmaßlich sezerniertes CTGF in den Überständen (DMEM Wachstumsmedium) zu. Da im Verlauf der Arbeit (siehe unten) auch funktionelle Studien durchgeführt werden sollten, wurde auch die, für diese Versuche einzusetzende, CTGF sensitive, Endothelzelllinie EA hy 926 auf endogene CTGF Expression hin untersucht (Abbildung 14). Im Western Blot konnte gezeigt werden, dass EA hy 926 eine geringe Menge von CTGF exprimiert. Entsprechend dem Verhältnis von sezerniertem zu intrazellulärem CTGF in HEK Zellen, ist auch in EA hy 926 aufgrund der generell geringen Expression kein sezerniertes CTGF im Überstand nachweisbar. Die Serumstimulation zeigt auch hier kaum eine Wirkung auf die Expression von CTGF in dieser Zelllinie.

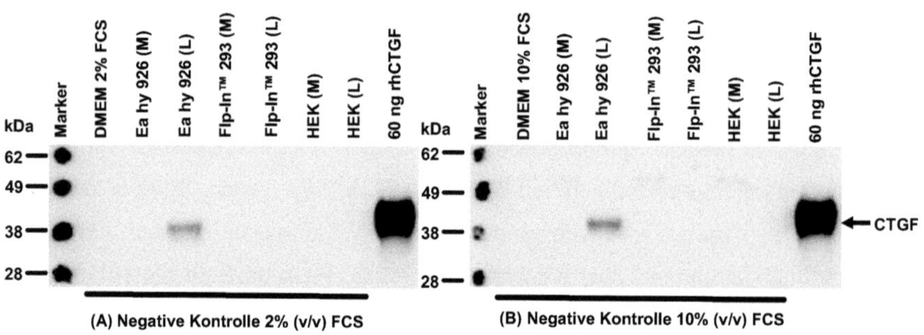

Abbildung 14: CTGF Expression in den parentalen HEK 293, Flp-In™ 293 und EA hy 926 Zellen im Überstand (M) und im Zelllysat (L) in Abhängigkeit von der FCS-Konzentration. Als Negativ-Kontrolle diente DMEM mit 2% sowie 10% FCS und als Positiv-Kontrolle wurden 60 ng rhCTGF (BioVendor) aufgetragen. Die CTGF Detektion erfolgte mit dem L-20 anti-hCTGF Antikörper und HRP gekoppeltem Zweitantikörper. Eine CTGF Expression ist nur in den Lysaten von EA hy 926 Zellen nachweisbar, unabhängig von der Serumstimulation. Links aufgetragen ist der Molmassenstandard, Pfeil markiert die erwartete Proteinbande.

4.1.1.2 Expression von rrNOV durch Ad-CMV-rNOV infizierten COS-7 Zellen

Zur Überexpression von rrNOV wurden COS-7 Zellen herangezogen, die mit dem adenoviralen Expressionskonstrukt Ad-CMV-NOV infiziert wurden. Die nahezu 100%ige Infektionsrate der COS-7 Zellen erlaubt eine sehr hohe Expression des rekombinanten NOV pro Zellkulturschale. Die Expression von rrNOV erfolgt in serumfreiem DMEM Expressionsmedium.

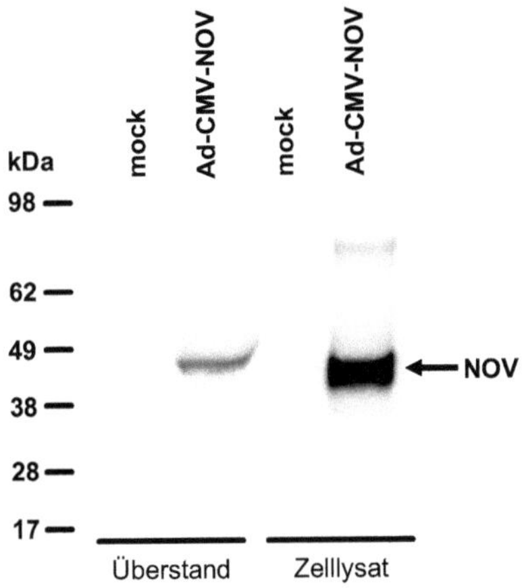

Abbildung 15: Immunologischer Nachweis der rrNOV Expression in Ad-CMV-NOV infizierten COS-7 Zellen mit Hilfe der Western Blot Analyse. Da die Expression des rrNOV durch den CMV-Promoter gesteuert wird, war eine hohe Expressionsrate in den infizierten Zellen zu beobachten. Das exprimierte Protein ist sowohl im Überstand, als auch im Zelllysat nachweisbar. Als Negativ-Kontrolle ist der Überstand und das Zelllysat von nicht-infizierten COS-7 Zellen (mock) aufgetragen. Links aufgetragen ist der Molmassenstandard, Pfeil markiert die erwartete Proteinbande.

In der Abbildung 15 ist erkennbar, dass eine deutliche NOV Überexpression in den COS-7 Zellen mit dieser Expressionstrategie erzielt werden konnte. Wie auch zuvor schon für das rekombinante hCTGF nachgewiesen wurde, wird trotz der großen Menge an intrazellulärem Protein nur ein kleiner Teil des Proteins von den Zellen sezerniert. Da allerdings beide Proteine sezerniert wurden, wurde zur Aufreinigung der rekombinanten Proteine rNOV und hCTGF das Wachstumsmedium herangezogen.

4.2 Aufreinigung von rhCTGF

Die Expression von rhCTGF in den 293 Zellklonen erfolgte in serumfreiem DMEM. Zur Aufreinigung wurde eine HiTrap HP Heparin Säule (GE) für eine Affinitätschromatographie eingesetzt. Die Elution von rhCTGF von der HiTrap HP Heparin Säule (GE) erfolgte mit Hilfe eines NaCl Gradienten von 0,15 bis 2 M. Es zeigte sich, dass bei 0,7 M NaCl eine sehr gute Trennung von rhCTGF und anderen Proteinen aus dem Überstand möglich war. Die Überprüfung der isolierten rhCTGF Menge sowie der Reinheit des Proteins wurde mittels einer SDS PAGE durchgeführt. Die anschließende Coomassie Brilliant Blue Färbung des Gels zeigte ein Proteinbanden-Muster wie sie in Abbildung 16 dargestellt ist. Die Elution bei 0,7 M NaCl zeigt nur eine einzige Bande. Die Konzentration konnte durch den Auftrag einer bekannten Menge an rhCTGF (BioVendor) abgeschätzt werden.

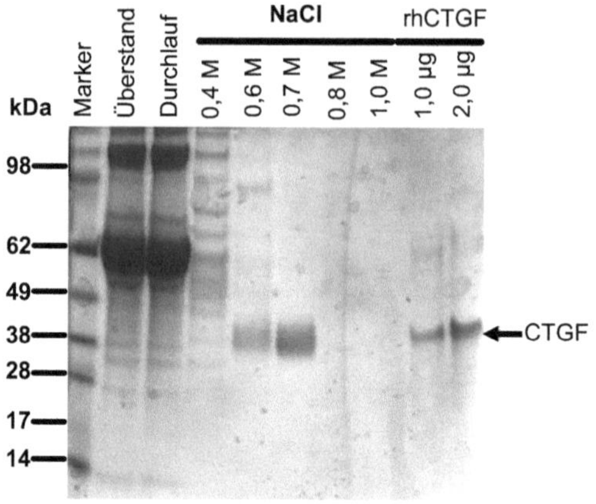

Abbildung 16: Coomassie Brilliant Blue Färbung des SDS Polyacrylamidgels zur Darstellung der Reinigung von hCTGF. Nach der Elektrophorese von Elutionsfraktionen von der Heparin Affinitätschromatographie wurden die Proteine mit *Coomassie Brilliant Blue* angefärbt. Nach der Aufreinigung von hCTGF aus dem Überstand der 293 Zellklone war nur noch eine einzelne Bande sichtbar. 50 µl Probe wurden pro Spur aufgetragen: Überstand, Durchlauf nach dem passieren der HiTrap Heparin Säule, Elutionsfraktionen 0,4/0,6/0,7/0,8/1,0 M NaCl gepuffert mit 10 mM Tris/HCl pH 7. Als Kontrolle zur relativen Konzentrationsabschätzung wurden 1 µg und 2 µg rhCTGF von BioVendor aufgetragen. Links aufgetragen ist der Molmassenstandard, Pfeil markiert die erwartete Proteinbande.

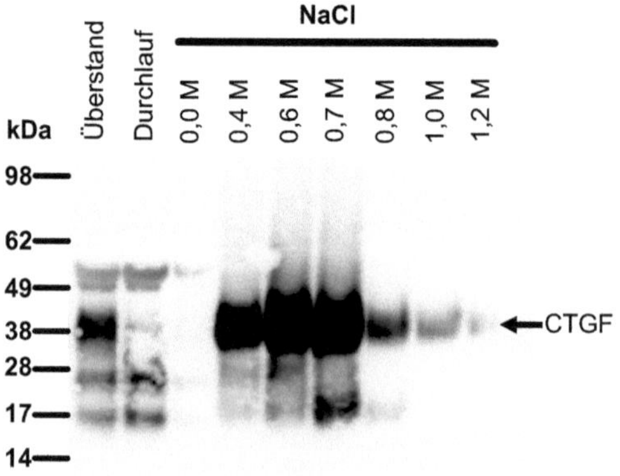

Abbildung 17: Immunologischer Nachweis von rhCTGF in den Elutionsfraktion von der HiTrap Heparin Säule. Es wurden jeweils 50 µl der Fraktionen pro Spur aufgetragen und auf die Nitrocellulose Membran transferiert: Überstand, der Durchlauf nach dem passieren der HiTrap Heparin Säule und die Elutionsfraktionen 0,4/0,6/0,7/0,8/1,0/1,2 M NaCl gepuffert mit 10 mM Tris/HCl pH 7,0. Links aufgetragen ist der Molmassenstandard, Pfeil markiert die erwartete Proteinbande.

Die Detektion von rhCTGF im Überstand, im Durchlauf und in den Elutionsfraktionen erfolgte mit dem L-20 anti-hCTGF Antikörper (Ziege) und mit der Meerrettichperoxidase-gekoppeltem Zweitantikörper (anti-Ziege IgG) im Western Blot. Der Vergleich der beiden Fraktionen vor dem Auftrag und nach der Säulenpassage zeigt, dass das hCTGF nahezu quantitativ aus dem Überstand gebunden wird. Wie bereits in der *Coomassie brillant blue* Farbung zu sehen war, erfolgt die Elution von hCTGF hauptsächlich im Bereich zwischen 0,6 M und 0,7 M NaCl.

4.2.1 Gelfiltration von rhCTGF

Es wurde eine Probe des bakteriell überexprimierten BioVendor rhCTGF mit Hilfe der Gelfiltration aufgetrennt.

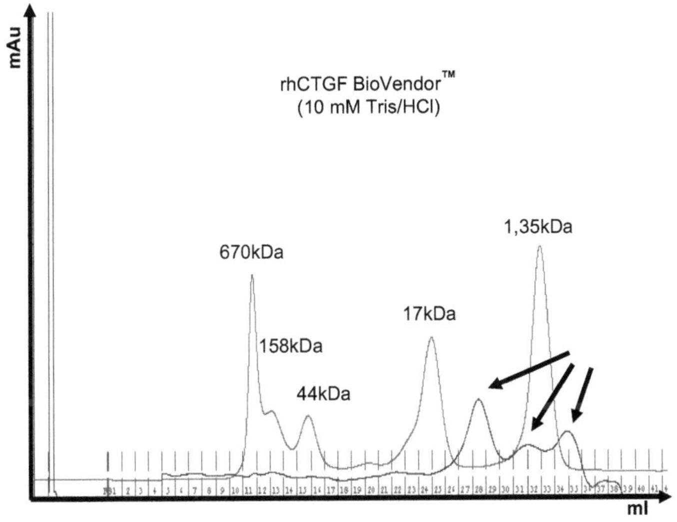

Abbildung 18: Elutionsprofil von rhCTGF (BioVendor). Gelfiltration von rhCTGF (BioVendor, in *E. coli* überexprimiert) mit einer 16/60 Superdex™ 75 Säule. Als Elutionspuffer wurde 10 mM Tris/HCl pH 7 verwendet. Es zeigte sich ein Elutionsprofil mit 3 *Peaks* (markiert durch Pfeile). Die Absorption bei 280 nm wird in mAU (milli Absorbance Units) auf der Y-Achse gegen das Elutionsvolumen in ml aufgetragen. Zur Abschätzung der Molmasse wurde Gel-Filtration-Standard (Bio Rad, 151-1901) aufgetragen.

Es ist erkennbar, dass das Elutionsspektrum drei *Peaks* aufweist. Dies ist wahrscheinlich auf die proteolytische Spaltung des rhCTGF zwischen der Domäne 1 und 2 sowie 3 und 4 zurückzuführen. Der Elutionspuffer war NaCl frei und beinhaltete 10 mM Tris/HCl pH 7.

Die geringe Ionenstärke der Pufferlösung hat wahrscheinlich zu einer stärkeren Interaktion von rhCTGF mit der Oberfläche der Säulenmatrix (Superdex Perlen) geführt. Dadurch ist die Retentionszeit in der stationären Phase deutlich verlängert.

Die rhCTGF Elutionsfraktion mit 0,7 M NaCl (10 mM Tris/HCl, pH 7) von der Heparin Affinitätschromatographie wurde abschliessend zur Aufreinigung mittels FPLC über eine Sepharose Gelfiltrationssäule (GE 16/60) aufgetrennt. Der rhCTGF Gehalt der Peakfraktionen wurde durch einen Western Blot überprüft. Es zeigt sich, dass die Fraktion 31 (V = 3 ml) die höchste rhCTGF Konzentration aufweist (Abbildung 19). Es sind außerdem - wie erwartet - keine weiteren Proteinbanden durch eine Anfärbung der Nitrocellulose-Membran mit „unspezifischem" Ponceau S zu erkennen. Neben der Hauptbande war außerdem noch ein weiterer kleinerer *Peak* bei einem höheren Molekulargewicht zu detektieren.

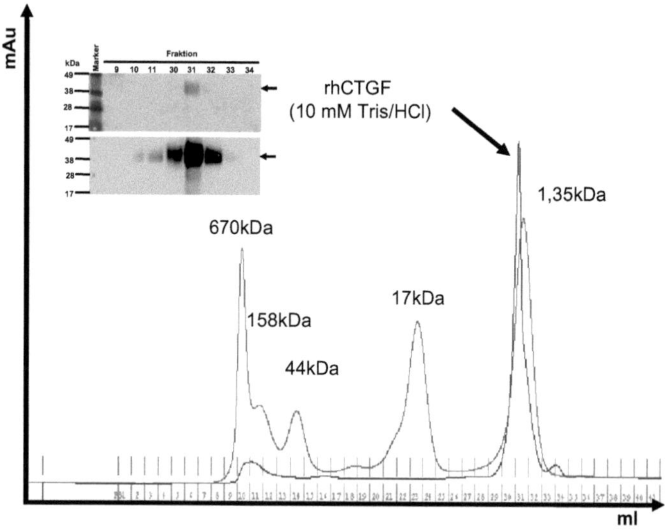

Abbildung 19: Elutionsprofil der Gelfiltration von rhCTGF eines stabilen 293 Zellklons. Bei der Elution in 10 mM Tris/HCl pH7 Elutionspuffer zeigte sich ein Elutionsprofil, das einen Hauptpeak im Bereich von 1,35 kDa (Pfeil) aufwies. Der Pfeil weist auf das rhCTGF in der Fraktion 31 hin. Zur Abschätzung der Molmasse wurde Gel-Filtration-Standard (Bio Rad, 151-1901) aufgetragen. Die Elution von rhCTGF wurde mittels Western Blot überprüft (siehe oben). Als Gesamtproteinnachweis wurde eine Ponceau S Färbung durchgeführt. Links aufgetragen ist der Molmassenstandard, Pfeil markiert die erwartete Proteinbande.

Die Konzentration von rhCTGF in diesem Peak war allerdings mittels Western Blot kaum nachweisbar. Es zeigte sich, dass rhCTGF in Lösungen geringer Ionenstärke eher zu Interaktionen mit den Superdex™ Perlen der Gelfiltrationssäule neigten. Der Vergleich mit dem Elutionsprofil des rhCTGF von BioVendor zeigte prinzipiell eine ähnliche *Peak*-Verteilung im Absorptionsspektrum der mobilen Phase der Gelfiltrationssäule.

Der Zusatz von NaCl (höhere Ionenstärke, siehe oben) hatte einen deutlichen Einfluss auf das Elutionsprofil von rhCTGF. Der Hauptpeak verschob sich zu höheren Molekulargewichten. Dagegen befand sich in der Fraktion 31 (V = 3 ml), in der sich bei geringer Ionenstärke der Hauptpeak befunden hatte, nur noch ein geringer *Peak* (Abbildung 20). Diese Verschiebung der beiden *Peaks* zeigte, dass die Löslichkeit von rhCTGF von der NaCl Konzentration im Puffer abhängt.

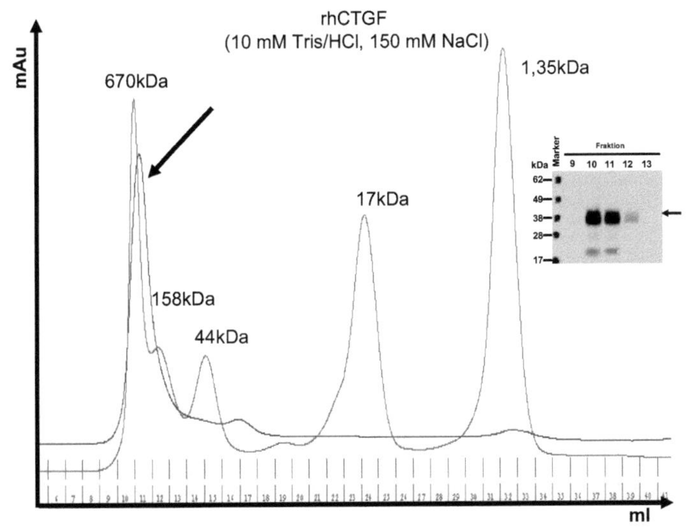

Abbildung 20: Elutionsprofil der Gelfiltration von rhCTGF aus dem Überstand eines stabilen 293 Zellklons. Es zeigte sich ein Elutionsprofil mit einem Hauptpeak im Bereich von 670 kDa (Pfeil) bei der Elution in 10 mM Tris/HCl pH 7, 150 mM NaCl Elutionspuffer. Zur Abschätzung der Molmasse wurde Gel-Filtration-Standard (Bio Rad, 151-1901) aufgetragen. Mit Hilfe der Western blot Analyse (siehe oben) der entsprechenden Elutionsfraktionen konnte der Nachweis von rhCTGF hauptsächlich in den Fraktionen 10 und 11 erbracht werden. Links aufgetragen ist der Molmassenstandard, Pfeil markiert die erwartete Proteinbande.

4.3 Aufreinigung von rrNOV

Die Aufreinigung von rrNOV aus dem Wachstumsmedium der adenoviral infizierten COS-7 Zellen erfolgte analog zum Vorgehen bei der Aufreinigung von rhCTGF mittels Heparin Affinitätschromatographie.

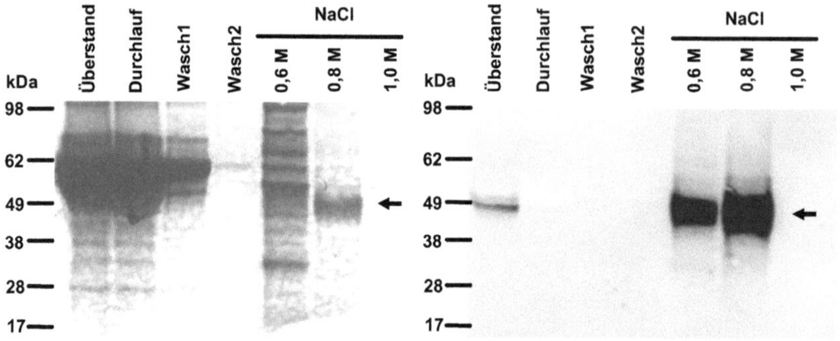

Abbildung 21: Ponceau S Färbung sowie immunologischer Nachweis von rrNOV in den einzelnen Fraktionen der Heparin Affinitätschromatographie mit der HiTrap Heparin Säule (GE). Die Elution von rrNOV erfolgte durch einen NaCl Stufengradienten. Für die Western blot Analyse wurden gleiche Volumen der Elutionsfraktionen auf das SDS Polyacrylamidgel aufgetragen. Links: Ponceau S Färbung der Membran mit den transferierten Proteinen. Rechts: immunologische Detektion des rrNOV in Elutionsfraktionen. Die Detektion von rrNOV erfolgte mit dem anti-maus NOV Antikörper (AF1976) sowie Peroxidase gekoppeltem Zweitantikörper gegen Ziege IgG. Jeweils links aufgetragen ist der Molmassenstandard, Pfeil markiert die erwartete Proteinbande.

Die höchste Konzentration von rrNOV befand sich in der 0,8 M NaCl eluierten Fraktion, die auch im Vergleich zur 0,6 M NaCl eluierten Fraktion einen deutlich geringeren Anteil an verunreinigenden Proteinen zeigte.

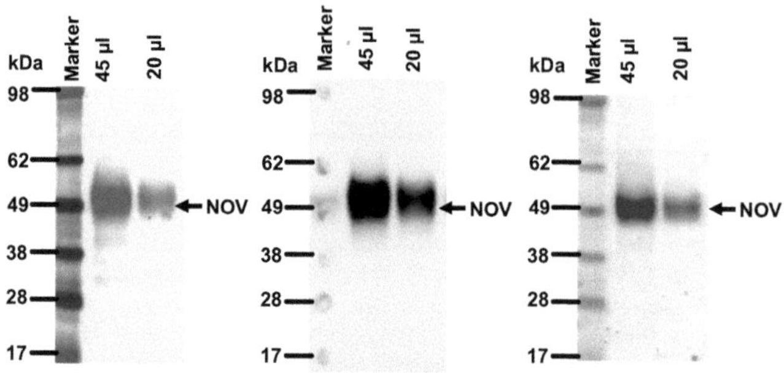

Abbildung 22: Überprüfung der Reinheit der 0,8 M Elutionsfraktion von rrNOV nach der Heparin Affinitätschromatographie mittels der Ponceau S Färbung der Nitrocellulose Membran nach dem Blotten (links), Immunologischen Nachweis mit einem spezifischen NOV-Antikörper (mitte) und Coomassie Brilliant Blue Färbung des SDS Polyacrylamid Gels (rechts). Bis auf die einzelne NOV Bande (Pfeil) sind keine weiteren Protein Banden zu erkennen. Jeweils links aufgetragen ist der Molmassenstandard, Pfeil markiert die erwartete Proteinbande.

Die Reinheit von rrNOV wurde mit Hilfe der unspezifischen Ponceau S und Coomassie Brilliant Blue Färbung überprüft. Die Angabe der Empfindlichkeitsgrenze wird pro

Proteinbande mit 100 ng angegeben. Die Identität von rrNOV wurde zusätzlich mittels des Western Blot überprüft (Abbildung 22).

4.3.1 Gelfiltration von rrNOV

Es zeigte sich ein Gelfiltration-Chromatogramm mit den zusätzlichen *Peaks* oberhalb und unterhalb der theoretischen molekularen Größe von rrNOV (Abbildung 23). Durch Überprüfung der Elutionsfraktionen mit Hilfe der Western Blot Analyse konnten die entsprechenden Fraktionen/Peaks identifiziert werden, in denen das rrNOV eluiert wurde. Die Fraktion 13 enthielt die höchste Konzentration des rekombinanten rNOV. Diese Fraktion wurde für die anschließenden Experimente verwendet.

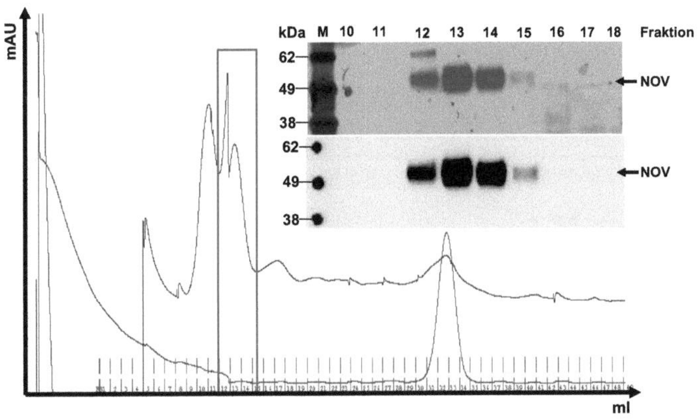

Abbildung 23: Verlauf des Gelfiltrationsprofils von rrNOV. Das Spektrum zeigt die Absorption bei 280 nm (mAU) auf der Y-Achse und die entsprechende *Peak* Breite ausgedrückt in ml auf der X-Achse. Die Gesamtproteine der Elutionsfraktionen wurden durch Ponceau S gefärbt. Der Verlauf der Elution von rrNOV ist durch die Linie widergegeben, der einzelne Peak (rechts) stellt die Konduktivität der eluierten Lösung dar. Das rrNOV Protein in den *Peak* Fraktionen wurde mit einen Western Blot nachgewiesen. Jeweils links aufgetragen ist der Molmassenstandard, Pfeil markiert die erwartete Proteinbande.

Die Proteinkonzentration in den Elutionsfraktionen wurde anschließend mittels Micro BCA Assay gemessen. Die Portionen der Eluate wurden in *Low Protein Binding* Eppendorf-Reaktionsgefäße zuerst in flüssigen Stickstoff schockgefroren. Die Lagerung von rrNOV erfolgt bei –80℃. Die Stabilität von rrNOV wurde auf einem SDS Gel überprüft.

4.3.2 Ergebnis der Aufreinigung von rhCTGF und rrNOV

Die Bestimmung der Proteinkonzentration wird mit der MicroBCA Methode (Pierce) sowie durch eine photometrische Messung der Absorption bei 280 nm durchgeführt. Die ELISA Messung sowie die Bestimmung der Proteinkonzentration ergab eine Konzentration von 22 ng/ml rhCTGF pro µl Elutionspuffer (10 mM Tris/HCl pH 7, 150 mM NaCl) nach der Affinitätschromatographie mit der HiTrap™ HP Heparin Säule (GE Healthcare) gefolgt von Gelfiltration mit der HiLoad 16/60 Superdex™ 75 *prep grade* Säule (GE Healthcare). Die jeweilige Präparation aus 400 ml DMEM Expressionsmedium ergab 150 µg reines rhCTGF. Die Reinheit von rhCTGF wurde durch eine SDS-PAGE mit anschliessender Coomassie-Färbung getestet (siehe Abbildung 16). Die aufgereinigte rhCTGF Probe wurde unabhängig bei DRG diagnostics mit dem, in der Erprobung befindlichen CTGF-ELISA, gemessen. Die Messung bei DRG diagnostics ergab eine 48%ige Übereinstimmung mit der gemessenen Konzentration von rhCTGF.
Die Konzentration von rrNOV pro ml Elutionspuffer (10 mM Tris/HCl pH 7, 150 mM NaCl) ergab nach der Affinitätschromatographie mit der HiTrap™ HP Heparin Säule (GE Healthcare) sowie Gelfiltration mit der HiLoad 16/60 Superdex™ 75 *prep grade* Säule (GE Healthcare) 67 ng/µl. Aus 280 ml COS-7 Überstand wurden 300 µg rrNOV aufgereinigt. Die Reinheit von rrNOV wurde durch eine SDS-PAGE mit anschliessender Coomassie-Färbung getestet (siehe Abbildung 22).

4.3.3 Stabilität der aufgereinigten rhCTGF und rrNOV

Die Stabilität der aufgereinigten rekombinanten Proteine wurde nach einer Lagerung bei 4 ℃ oder bei -80 ℃ von 3 Monaten durch eine elek trophoretische Auftrennung in NuPage™ (4-12%) Bis Tris Gelen mit anschliessender Coomassie-Färbung überprüft. Es zeigte sich unabhängig von den Lagerungsbedingungen ein unverändertes Bandenmuster unter reduzierenden und nicht-reduzierenden Bedingungen.

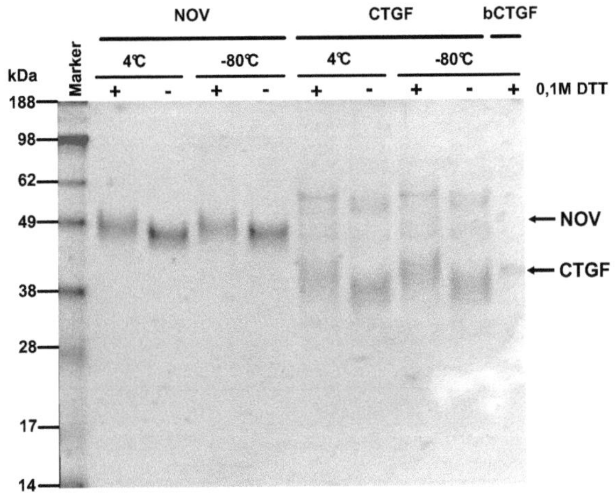

Abbildung 24: Überprüfung der Stabilität von rekombinantem hCTGF und rNOV nach einer Lagerung bei 4℃ oder -80℃. Zur Überprüfung der St abilität wurden die Proteine in der SDS PAGE untersucht. Die Proben wurden entweder mit 0,1 M DTT reduziert (+) oder nicht reduziert (-). Als CTGF Positivkontrolle wurde bakteriell überexprimiertes rhCTGF (BioVendor) aufgetragen. Es wurden 500 ng Proteine pro Spur aufgetragen. Das SDS Polyacrylamidgel wurde nach der Elektrophorese mit *Coomassie Brilliant Blue* gefärbt. Links aufgetragen ist der Molmassenstandard, Pfeil markiert die erwartete Proteinbande.

4.4 MALDI-TOF Massenspektrometrie von rhCTGF und rrNOV

Der ultrafleXtreme MALDI-TOF/TOF Massenspektrometer (Bruker Daltononics GmbH, Deutschland) wurde mit dem Protein Standard II von Bruker Daltonics kalibriert. Der Großteil der Proteinmoleküle wurde mit einer einzigen Ladung nach dem Laserbeschuss versehen $[M+H]^{+}$ und bildet den *Peak* mit der tatsächlichen Masse des Proteins. Ein Teil der Proteinspezies erhält zwei Ladungen $[M+2H]^{2+}$ und erscheint dadurch leichter, da es eine höhere Geschwindigkeit und kürzere Flugzeit aufweist. Die gemessene Masse beträgt dann die Hälfte von der tatsächlichen, mit nur einer Ladung versehenen Spezies. Es zeigte sich ein charakteristisches Spektrum, aufgetragen nach den Signalstärken gegen das Verhältnis von Masse zu Ladung (m/z). Die *Peaks* der Proteinspezies, welche mehr als eine Ladung erhalten hatten, weiter links im Spektrum (Abbildung 25).

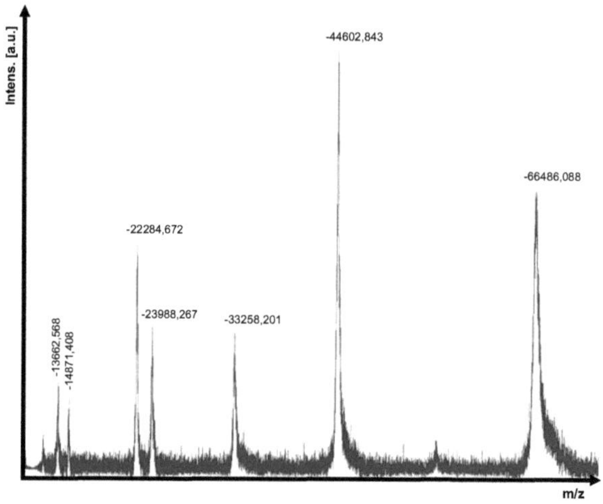

Abbildung 25: MALDI-TOF Massenspektrometrie-Spektrum von Protein Standard II (Bruker Daltonics GmbH, Deutschland). Die Verteilung der Massenpeaks hängt von der Anzahl der Ladungen ab, mit einer oder zwei Ladungen: Trypsinogen $[M+H]^+$ 23,982 sowie $[M+2H]^{2+}$ 11,991 Da; Protein A $[M+H]^+$ 44,613 sowie $[M+2H]^{2+}$ 22,307 Da; Albumin-Bovine (BSA) $[M+H]^+$ 66,500 sowie $[M+2H]^{2+}$ 33,300 kDa Da.

4.4.1 MALDI-TOF/TOF Messung von rhCTGF

Die aufgereinigte rhCTGF Probe wurde für die Analyse mit dem Bruker Daltonics ultrafleXtreme MALDI-TOF/TOF Massenspektrometer eingesetzt. Die Messung erfolgte durch das Ausrichten der Laserpulse auf die Probe. Es werden die markanten Hauptsignale detektiert und im Spektrum dargestellt. Es zeigte sich, dass das aufgereinigte rhCTGF ein Doppelsignal aufweist deren Abweichung etwa 700 Dalton beträgt. Es zeigten sich keine weiteren Massensignale im Massenspektrometrie-Spektrum. Das Massensignal von rhCTGF bei ca. 38269 kDa entspricht sehr gut der vorherigen Beobachtung der Molmasse des Proteins in der Western Blot Analyse sowie Coomassie-Färbung des PAA-Gels (siehe Abbildung 16 und Abbildung 17). Diese Werte korrelieren ebenfalls mit der theoretischen Molmasse von hCTGF, die in der Literatur mit 36 bis 38 kDa angegeben wird, abhängig von dem Glykosylierungsstatus des sekretierten CTGF. Die sekretierte Form von hCTGF enthält 323 anstelle von 349 Aminosäurenresten (Brigstock, 1999).

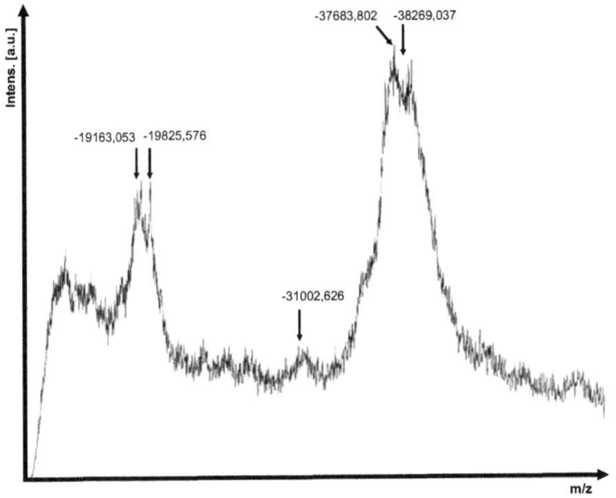

Abbildung 26: MALDI-TOF Massenspektrometrie-Spektrum von rhCTGF. rhCTGF weist ein Doppelsignal auf. Die Verteilung der Massenpeaks von rhCTGF hängt von der Anzahl der Ladungen ab (eine oder zwei Ladungen): rhCTGF $[M+H]^{+}$ 37683,802 Da und 38269,037 Da sowie $[M+2H]^{2+}$ 19163,053 Da und 19825,576 Da.

4.4.2 MALDI-TOF/TOF Messung von rrNOV

Die Masse der aufgereinigten rrNOV Probe wurde ebenfalls mit dem Bruker Daltonics ultrafleXtreme MALDI-TOF/TOF Massenspektrometer untersucht. Die aufgereinigte rrNOV Probe aus der Überexpression in COS-7 Zellen wird genauso wie rhCTGF auf der Trägerplatte mit der Matrix überschichtet und kokristallisiert. Die gerichteten Laserpulse im MALDI-TOF Spektrometer verdampfen die Probe. Es bildet sich ein sehr diskreter Massen-*Peak* bei 44992 Da. In der Literatur wird das Molekulargewicht von NOV mit etwa 46-kDa für unterschiedliche Spezies angegeben (Brigstock, 1999). Die Western Blot Analyse sowie Coomassie-Färbung von dem PAA-Gel nach der Elektrophorese der aufgereinigten Probe ergibt nur eine einzelne Bande bei 49 kDa (reduzierende Bedingungen, siehe Abbildung 22).

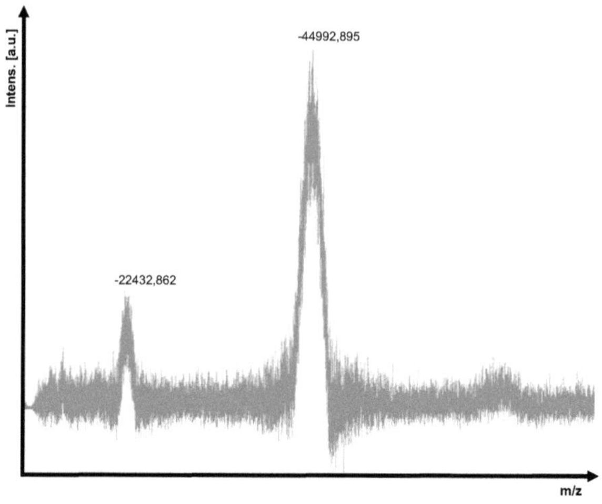

Abbildung 27: MALDI-TOF Massenspektrometrie-Spektrum von rrNOV. rrNOV weist ein diskretes Signal auf. Die Verteilung der Massenpeaks von rrNOV hängt von der Anzahl der Ladungen ab (eine oder zwei Ladungen): rrNOV $[M+H]^+$ 44992,895 Da sowie $[M+2H]^{2+}$ 22432,862 Da.

4.5 2D SDS-PAGE von rhCTGF und rrNOV

4.5.1 2D SDS-PAGE von rrNOV

Zur weiteren Charakterisierung der heterolog exprimierten Proteine wurde eine 2D SDS PAGE durchgeführt. Nach der Auftrennung wurde das Polyacrylamidgel mit kolloidalen Coomassie zur Detektion von rrNOV gefärbt. Das „Fleck“-Muster von rrNOV weist eine Reihe von unterschiedlichen rrNOV-Spezies auf. Diese unterscheiden sich aufgrund ihres Isoelektrischen Punktes. Um im Rahmen der 2D-SDS-PAGE einen spezifischeren Nachweis zu führen, wurde ebenfalls mit einem entsprechenden Gel ein Western blot zu immunologischen Detektion durchgeführt. Die aufgetrennten rrNOV Spezies wurden aus dem Polyacrylamidgel auf eine Nitrocellulose Membran transferiert. Die immunologische Detektion mit Anti-NOV Antikörper zusammen mit HRP-gekoppeltem Zweitantikörper gibt zusätzliche Klarheit über die Identität der einzelnen „Flecken“ (Spots). Die Spots auf dem Coomassie gefärbten PAA-Gel (Abbildung 28) zeigen ein ähnliches Muster wie die immunologisch detektierten Spots (Abbildung 29).

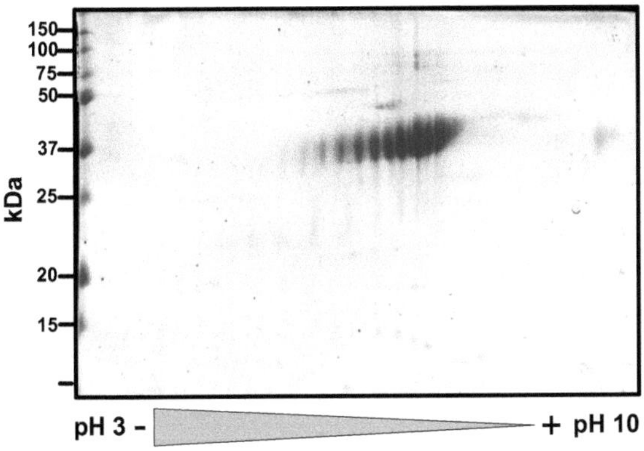

Abbildung 28: 2D SDS-PAGE Analyse von rrNOV. Das Polyacrylamidgel wird mit kolloidalem Coomassie G250 angefärbt. Das „Fleck" (Spot) Muster befindet sich nur auf einer horizontalen Ebene. Die rrNOV Spezies unterscheiden sich aufgrund ihres IP.

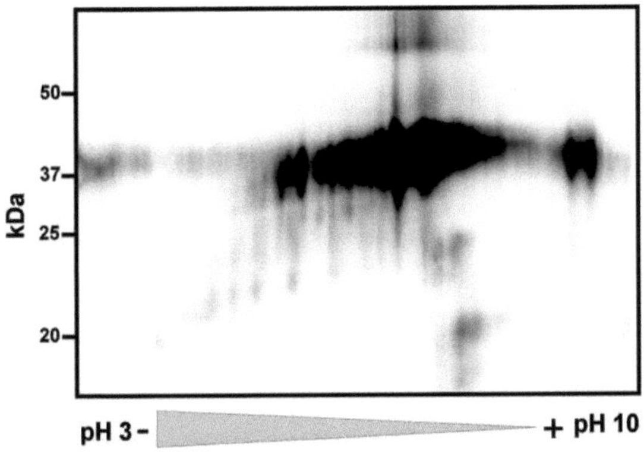

Abbildung 29: Immunologischer Nachweis von rrNOV nach der Auftrennung in der 2D-SDS-PAGE und Proteintransfer auf eine Nitrocellulose Membran. Die rrNOV Spots wurden mit dem Anti-NOV Antikörper und Anti-Ziege IgG Zweitantikörper (HRP-gekoppelt) nachgewiesen. Die immunologisch detektierten Spots weisen ein ähnliches Muster auf, wie die Spots auf dem Coomassie gefärbten PAA-Gel nach der Elektrophorese.

4.5.2 2D SDS PAGE von rhCTGF

Wie oben bereits für NOV beschrieben, wurde auch das aufgereinigte rhCTGF mit Hilfe der 2D-SDS-PAGE aufgetrennt und auf eine Nitrocellulose Membran transferiert. Die Detektion von rhCTGF erfolgte mit dem L-20 anti-CTGF Antikörper. Es zeigten sich interessanter Weise drei Hauptspezies von rhCTGF. Von diesen drei Spezies umfaßten zwei rhCTGF ein sehr ähnliches, molekulares Gewicht mit etwa 37 kDa sowie eine kleinere Spezies mit einem Molekulargewicht von 17 kDa.

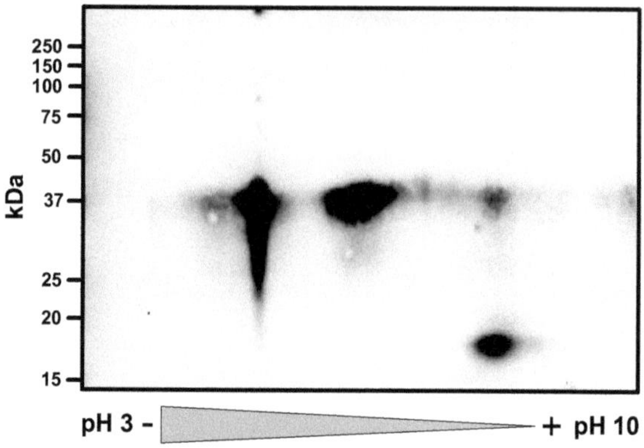

Abbildung 30: Immunlogischer Nachweis von rhCTGF nach der Auftrennung in der 2D-SDS-PAGE und Proteintransfer auf eine Nitrocellulose Membran. Die rhCTGF Spots wurden mit dem Anti-CTGF Antikörper und Anti-Ziege IgG Zweitantikörper (HRP-gekoppelt) nachgewiesen. Die immunologisch detektierten Spots wiesen ein Muster aus zwei Spots auf der Höhe von 37 kDa und einen Spot bei 17 kDa auf.

Um zu untersuchen, ob dieses unterschiedliche Laufverhalten durch eine posttranslationale Modifikation begründet ist, wurde die rhCTGF Probe mit Hilfe von PNGase F deglykosyliert. Die behandelte rhCTGF Probe wurde wiederum in einer 2D-SDS-PAGE aufgetrennt und die Proteine auf eine Nitrocellulose Membran transferiert.

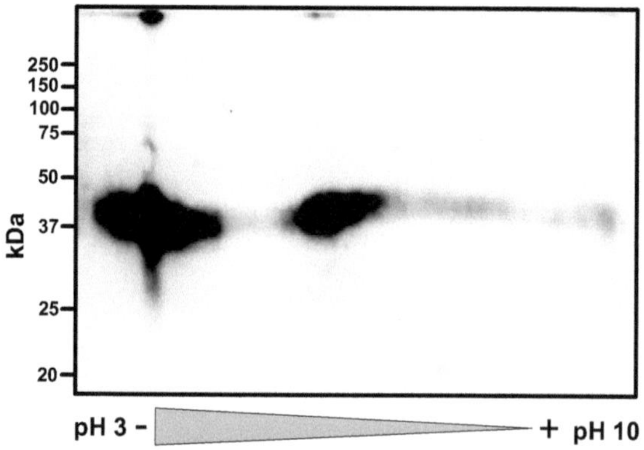

Abbildung 31: Immunlogischer Nachweis von deglykosyliertem rhCTGF nach PNGase F-Behandlung und Auftrennung in der 2D-SDS-PAGE. Die rhCTGF Spots wurden mit dem Anti-CTGF Antikörper und Anti-Ziege IgG Zweitantikörper (HRP-gekoppelt) nachgewiesen. Die immunologisch detektierten Spots auf der Höhe von 37 kDa weisen verglichen mit dem nativen rhCTGF ein verändertes Laufmuster auf (Abbildung 30).

Es zeigte sich ein verändertes Spot-Muster (Abbildung 31) mit einer Verschiebung der beiden Hauptsspots zu einem niedrigeren Isoelektrischen Punkt (pl). Demzufolge ist ein Einfluss der N-Glykosylierung auf den pl des rhCTGF erkennbar. Des Weiteren war zu sehen, dass der Proteinspot bei etwa 17 kDa nicht mehr zu detektieren war.

4.6 In-Gel Trypsin Verdau von rhCTGF und rrNOV für ESI-TOF/MS

Die aufgetrennten Spots aus der 2D-SDS-PAGE oder entsprechende Banden von der 1D-SDS-PAGE wurden aus dem Gel herausgetrennt und nach der Reduktion mit DTT sowie Alkylierung durch Iodacetamid mit Trypsin inkubiert. Die proteolytischen Peptide wurden aus dem SDS-PAA-Gel herausextrahiert. Die Peptidprobe wird dafür über eine nanoHPLC (Dionex, CA, USA) fraktioniert. Die Eluate werden anschließend in das gekoppelte ESI-MS/MS Massenspektrometer (Micromass Electrospray Q-Tof-2, Waters Corporation, MA, USA) geladen. Die Massenspektren der Peptide werden durch einen Algorithmus der MASCOT Suchmaschine (Matrix Science, Boston, MA, USA) identifiziert und mit der Proteinsequenzdatenbank (Swissprot) verglichen. Es existieren häufig vorkommende Aminosäurepaare wie Leucin und Isoleucin (131 U), Glutamin und Lysin (128 U) sowie Phenylalanin und Met-ox (147 U) mit gleicher nomineller Masse. In diesen Fällen können mehrere Aminosäurensequenzen durch das Massenspektrum des Peptids abgedeckt werden. Durch Trypsin erfolgt eine proteolytische Spaltung an jedem Lysin- oder Argininrest solange auf diesen kein Prolinrest folgt. Die Abdeckung eines Teils der Aminosäurensequenz erlaubt die Identifizierung des gesuchten Proteins.

4.6.1 Trypsin In-Gel Verdau und ESI-TOF/MS von rrNOV

rrNOV wurde, wie oben beschrieben, in der SDS-PAGE aufgetrennt. Das PAA-Gel wurde nach der Färbung mit dem kolloidalen Coomassie eingescannt (Abbildung 28) und die entsprechenden Spots für den Trypsin In-Gel Verdau herausgetrennt.

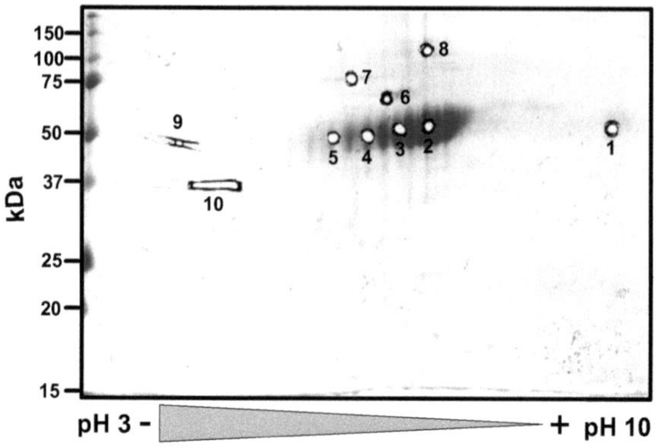

Abbildung 32: rrNOV wurde in einer 2D SDS PAGE aufgetrennt, und das PAA-Gel mit kolloidalem Coomassie G250 gefärbt. Die Spots wurden für den Trypsin In-Gel-Verdau herausgetrennt. Anschließend wurden die Peptide mit ESI-TOF Massenspektrometer untersucht.

Die durch ESI-TOF Massenspektrometrie gemessenen Massenspektren der proteolytischen Peptide wurden anschließend mittels Mascot Algorithmus untersucht und die einzelnen, fehlerbereinigten Sequenzen mit der Swissprot Datenbank abgeglichen. Das Ergebnis ist die Sequenzabdeckung von rNOV Aminosäurensequenz durch die detektierten Peptidsequenzen. Die Anzahl der Fragmente korreliert mit der Proteinmenge von rrNOV in dem jeweiligen Spot.

Spot	Anzahl der Peptide	Identifizierte Sequenzen
1	1	R.CQLDVLLPGPDCPAPK.K
2	10	R.SVLDGCSCCPVCAR.Q R.QRGESCSEMRPCDQSSGLYCDR.S R.GESCSEMRPCDQSSGLYCDR.S R.CQLDVLLPGPDCPAPK.K R.LCMVRPCEQEPGEATDMK.G K.SIHLQFK.N K.TIQVEFQCLPGQIIK.K R.SVLDGCSCCPVCAR.Q K.TIQVEFQCLPGEIIK.K R.QRGESCSEMRPCDQSSGLYCDR.S R.GESCSEMRPCDQSSGLYCDR.S
3	9	K.SIHLQFK.N R.SVLDGCSCCPVCAR.Q K.TIQVEFQCLPGQIIK.K K.TIQVEFQCLPGQIIK.K R.CQLDVLLPGPDCPAPK.K R.LCMVRPCEQEPGEATDMK.G R.GESCSEMRPCDQSSGLYCDR.S K.TIQVEFQCLPGEIIK.K R.SVLDGCSCCPVCAR.Q R.GESCSEMRPCDQSSGLYCDR.S
4	6	K.SIHLQFK.N R.SVLDGCSCCPVCAR.Q K.TIQVEFQCLPGEIIK.K R.CPSQCPSISPTCAPGVR.S R.LCMVRPCEQEPGEATDMK.G R.SVLDGCSCCPVCAR.Q R.CQLDVLLPGPDCPAPK.K
5	4	R.SVLDGCSCCPVCAR.Q K.TIQVEFQCLPGQIIK.K R.CQLDVLLPGPDCPAPK.K K.TIQVEFQCLPGEIIK.K
6		**keine NOV Fragmente**
7		**keine NOV Fragmente**
8	2	K.TIQVEFQCLPGQIIK.K R.CQLDVLLPGPDCPAPK.K
9		**keine NOV Fragmente**
10		**keine NOV Fragmente**

1 MSVFLRKQCLCLGFLLLHLLNQVSATLRCPSRCPSQCPSISPTCAPGVRSVLDGCSCCPV
61 CARQRGESCSEMRPCDQSSGLYCDRSADPNNETGICMVPEGDNCVFDGVIYRNGEKFEPN
121 CQYHCTCRDGQIGCVPRCQLDVLLPGPDCPAPKKVAVPGECCEKWTCGSEEKGTLGGLAL
181 PAYRPEATVGVELSDSSINCIEQTTEWSACSKSCGMGLSTRVTNRNLQCEMVKQTRLCMV
241 RPCEQEPGEATDMKGKKCLRTKKSLKSIHLQFKNCTSLYTYKPRFCGICSDGRCCTPFNT
301 KTIQVEFQCLPGQIIKKPVMVIGTCTCHSNCPQNNEAFLQELELKTSRGEMYRSSSPSPL
361 SLNPLISLDCAF

Abbildung 33: Zuordnung der, durch ESI-TOF/MS detektierten proteolytischen Peptide. Nach 2D-SDS-PAGE wurden die herausgetrennten Proteine einem Trypsin In-Gel-Verdau zugeführt. Berechnung der wahrscheinlichsten Sequenzen mit dem MASCOT Algorithmus und Abgleich dieser Sequenzen mit der Swissprot Datenbank. In allen Spots wurde eine unterschiedliche Anzahl von Peptiden detektiert. Die detektierten Peptide wurden mit der NOV (Ratte) Gesamtaminosäurensequenz verglichen. Die detektierten Bereiche der rNOV Sequenz sind *kursiv* dargestellt. Die Trypsin Schnittstellen in der Aminosäuresequenz sind *fett-kursiv* markiert.

4.6.2 Trypsin In-Gel Verdau und ESI-TOF/MS von rhCTGF

Im Gegensatz zur rrNOV Analyse wurde die rhCTGF Probe zuerst durch eine 1D SDS

PAGE aufgetrennt und mit kolloidalen Coomassie G250 gefärbt. Die einzige sichtbare Proteinbande wurde aus dem Gel herausgetrennt und ein In-Gel Verdau mit Trypsin durchgeführt. Die durch ESI-TOF Massenspektrometrie gemessenen Massenspektren der proteolytischen Peptide wurden anschließend mittels MASCOT Algorithmus untersucht und die einzelnen, fehlerbereinigten Sequenzen mit der Swissprot Datenbank abgeglichen. Die detektierten Peptidsequenzen wurden mit der Aminosäurensequenz von hCTGF verglichen. Die Anzahl der Fragmente korreliert mit der Proteinmenge von rhCTGF in dem jeweiligen Spot.

Bande	Anzahl der Peptide	Identifizierte Sequenzen
38 kDa	7	R.TTTLPVEFK.C
		R.LPSPDCPFPR.R
		K.DQTVVGPALAAYR.L
		K.DGAPCVFGGTVYR.S
		R.LEDTFGPDPTMIR.A
		R.LEDTFGPDPTMLR.A
		K.DRTAVGPALAAYR.L

1 MTAASMGPVRVAFVVLLALCSRPAVGQNCSGPCRCPDEPAPRCPAGVSLVLDGCGCCRVC

61 AKQLGELCTERDPCDPHKGLFCDFGSPANRKIGVCTA***K****DGAPCIFGGTVY****R***SGESFQSSC

121 KYQCTCLDGAVGCMPLCSMDV*RLPSPDCPFPR*RVKLPGKCCEEWVCDEP***K****DQTVVGPALA*

181 *AY****R****LEDTFGPDPTMI****R***ANCLVQTTEWSACSKTCGMGISTRVTNDNASCRLEKQSRLCMVR

241 PCEADLEENIKKGKKCIRTPKISKPIKFELSGCTSMKTYRAKFCGVCTDGRCCTPH***R****TTT*

301 *LPVEF****K***CPDGEVMKKNMMFIKTCACHYNCPGDNDIFESLYYRKMYGDMALEITSEFAAAR

361 V

Abbildung 34: ESI-TOF/MS Detektion von proteolytischen Peptiden aus hrCTGF. Die Analyse mit Proteinen durchgeführt, die in der 1D-SDS-PAGE aufgetrennt wurden. Die 38-kDa Bande von rhCTGF wurde herausgetrennt und einem Trypsin In-Gel-Verdau zugeführt. Es folgte die Berechnung der wahrscheinlichen Sequenzen mit dem MASCOT Algorithmus und der Abgleich mit Swissprot Datenbank. Die Peptide wurden mit der hCTGF Aminosäurensequenz verglichen. In *kursiv* sind die detektierten Bereiche der hCTGF Sequenz markiert. Trypsin Schnittstellen sind *fett-kursiv* markiert. In *vergößert-kursiv* sind die Aminosäuren markiert, welche eine ähnliche Masse mit einer anderen Aminosäure haben, wie z.B. Leucin und Isoleucin und dadurch problematisch für die MASCOT Interpretation sind.

4.7 Untersuchung der Glykosylierung von rhCTGF und rrNOV

Mit Hilfe von speziellen Algorithmen konnten durch Untersuchungen *in silica* in der CTGF (Mensch) und der NOV (Ratte) Proteinsequenz unter Verwendung der Software NetNGlyc (http://www.cbs.dtu.dk/services/NetNGlyc/) in beiden Proteinen jeweils zwei potentielle N-Glykosylierungsstellen gefunden werden. In der Aminosäurensequenz des humanen CTGF sind dies die Positionen 28 <u>N</u>CSG (sehr hohes Potential) sowie 225 <u>N</u>ASC (niedriges Potential). In der NOV (Ratte) Aminosäurensequenz befinden sich an der

Position 91 NETG eine potentielle und an der Position 274 NCTS eine N-Glykosylierungsstelle mit niedrigem Potential.

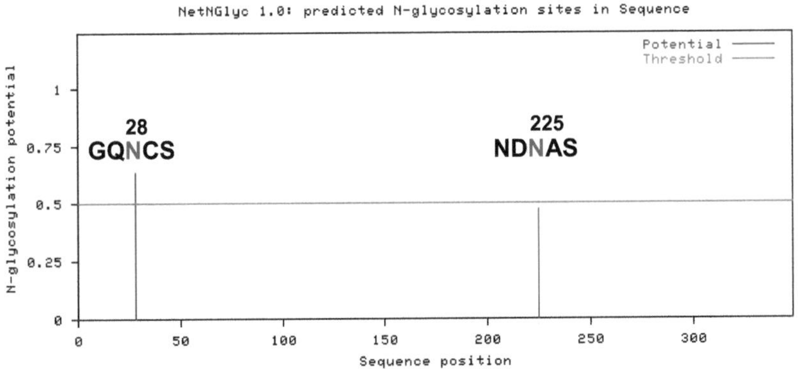

Abbildung 35: Wahrscheinliche Glykosylierungsstellen an den Asparaginen 28 und 225 in der Aminosäuresequenz von CTGF (Mensch). Die Vorhersage wurde mit dem Algorithmus NetNGlyc (http://www.cbs.dtu.dk/services/NetNGlyc/) berechnet. Asp-28 hat ein höheres Potential für N-Glykosylierung als Asp-225 und liegt über dem 50%igen Schwellenwert.

Über theoretische Vorhersagen konnten keine potentiellen O-Glykosylierungsstellen in beiden Proteinsequenzen ermittelt werden, welche über dem 50%igen Schwellenwert liegen. Die Berechnungen werden auf der Grundlage der Mittelung von bekannten glykosylierten Proteinen durchgeführt, so dass diese nur einen Hinweis geben können.

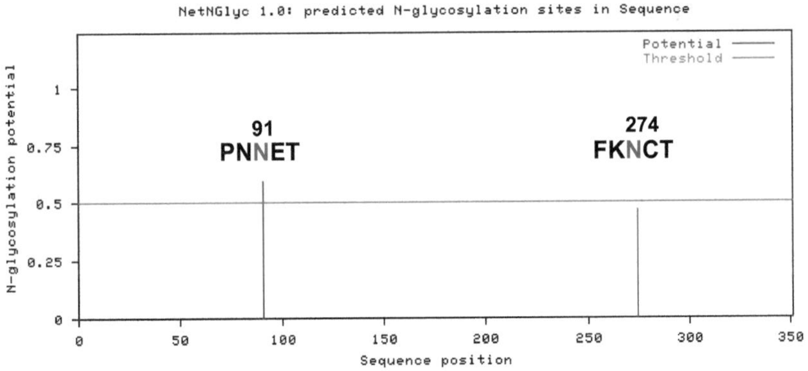

Abbildung 36: Wahrscheinliche Glykosylierungsstellen an den Asparaginen 91 und 274 in der Aminosäuresequenz von NOV (Ratte). Die Vorhersage wurde mit dem Algorithmus NetNGlyc (http://www.cbs.dtu.dk/services/NetNGlyc/) berechnet. Asp-91 hat ein höheres Potential für N-Glykosylierung als Asp-274 und liegt über dem 50%igen Schwellenwert.

4.7.1 Glykosylierungsnachweis von rhCTGF durch Markierung mit HRP-gekoppeltem Con A (ConA-HRP)

Im vorangegangenen Abschnitt wurden potentielle Glykosylierungsstellen in den beiden Proteinen hCTGF und rNOV identifiziert. Um dies zu zeigen wurde eine mögliche Glykosylierung unter Verwendung von HRP-gekoppeltem Lektin (Con A) untersucht. Die Proteine wurden hierfür in einer 1D-SDS-PAGE aufgetrennt und auf eine Nitrocellulose Membran transferiert. Concanavalin A (Con A) ist ein unglykosiliertes Lektin, welches aus der Jackbohne (*Canavalia ensiformis*) stammt. Es bindet α-D-Glucopyranose, α-D-Mannopyranose, D-Fruktofuranose und ihre Glykoside, sterisch verwandte Strukturen. Die Proben wurden in einem zweifachen Ansatz angesetzt. Jede Probe wurde parallel auf zwei SDS Polyacrylamidgele aufgetragen. Die unterschiedlich behandelten Proben des rhCTGF und der Positiv- sowie Negativkontrollen für die Glykosylierung wurden mittels einer SDS PAGE aufgetrennt und auf Nitrocellulose Membranen übertragen. Als Kontrolle für die Funktionalität der ConA-HRP Bindung wurde der hochglykosylierte PDGF Rezeptor β (PDGFRβ) verwendet (Gill *et al.*, 2010).

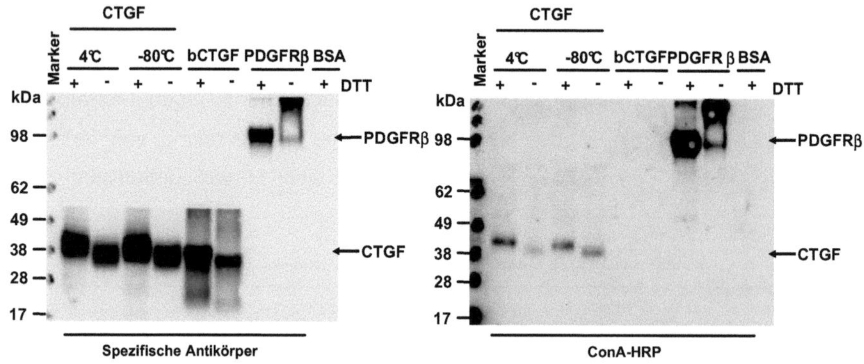

Abbildung 37: Untersuchung der Glykosylierung von rhCTGF im Western Blot. Links: Detektion der Proteine mit den spezifischen Antikörpern anti-CTGF und anti-PDGFRb. Rechts: Detektion der Proteine durch Bindung der Zuckerketten durch ConA-HRP. Das bCTGF (BioVendor, rhCTGF bakterielle Expression) zeigt keine Bindungsaffinität für ConA-HRP. Verglichen wurden rhCTGF Proben die bei 4 ℃ s owie -80 ℃ gelagert wurden. Der Auftrag auf das PAA-Gel erfolgte unter reduzierenden oder nicht reduzierenden Bedingungen (+/- 100 mM DTT), mit anschliessender Elektrophorese. Jeweils links aufgetragen ist der Molmassenstandard, Pfeil markiert die erwartete Proteinbande.

Als negative Kontrolle für Glykosylierung wurden 2 µg BSA mit aufgetragen (Abbildung 37). Es wurde zusätzlich rhCTGF (BioVendor) aus bakterieller Überexpression mit aufgetragen, um als Positivkontrolle auf dem Immunblot zu fungieren. Die Nitrocellulose-

Membran wurde nach dem Proteintransfer aufgeteilt. Die eine Hälfte wurde mit ConA-HRP inkubiert. Die andere Hälfte wurde noch zusätzlich vertikal getrennt und der eine Teil mit dem L-20 Anti-hCTGF Antikörper und der andere Teil mit dem Anti-PDGFRβ (ab1) Antikörper inkubiert. Der Nachweis erfolgte mit Hilfe eines HRP-gekoppelten Zweitantikörpers. Aus dem Western Blot lässt sich entnehmen, dass BSA, entsprechend einer Negativ-Kontrolle, weder durch die Antikörper (keine Kreuzreaktivität) noch von ConA-HRP detektiert wurde. Demgegenüber wird PDGFRβ von den spezifischen Antikörpern und, entsprechend als Positiv-Kontrolle, von ConA-HRP detektiert. Das bakteriell exprimierte rhCTGF (bCTGF) wird nur durch den anti-CTGF Antikörper detektiert, nicht aber von ConA-HRP. Das aufgereinigte rhCTGF aus den 293 Zellklonen dagegen wird durch anti-CTGF Antikörper sowie ConA detektiert. Als Ladungskontrolle wurde die Membran mit Ponceau S gefärbt, um auch die BSA Beladung darzustellen (Abbildung 38). Diese Experimente zeigten, dass rhCTGF in eukaryotischen Zellen glykosyliert vorliegt, diese Modifikation jedoch im bakteriell exprimierten CTGF fehlt.

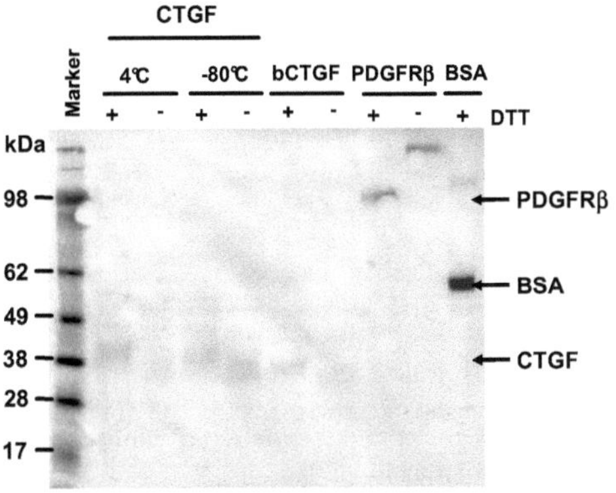

Abbildung 38: Ponceau S gefärbte Nitrocellulose-Membran vor der Analyse der Glykosylierung. Da BSA durch die verwendeten Antikörper nicht nachgewiesen wird, lässt sich mit der Ponceau S Färbung eindeutig die Beladung mit BSA darstellen. Links aufgetragen ist der Molmassenstandard, Pfeil markiert die erwartete Proteinbande.

4.7.2 Glykosylierungsnachweis von rrNOV durch Markierung mit HRP-gekoppeltem Con A (ConA-HRP)

Die bei -80 sowie 4℃ gelagerten Proteinproben von rrNOV, sowie PDGFRβ als Positivkontrolle und BSA als Negativkontrolle wurden parallel in zwei SDS PAA-Gelen elektrophoretisch aufgetrennt. Nach dem Transfer auf eine Nitrocellulose-Membran (siehe auch 3.2.7.2) wurde eine Hälfte der Nitrocellulose-Membran mit ConA-HRP, die andere nach einem Standardverfahren mit Antikörpern gegen NOV und PDGFRβ inkubiert (siehe Abbildung 39).

Wie zuvor für die CTGF Analyse beschrieben, wird BSA als Negativ-Kontrolle nicht, PDGFRβ als Positiv-Kontrolle wird sowohl von ConA-HRP als auch von den spezifischen Antikörpern erkannt (Abbildung 39). rrNOV wird sowohl von dem spezifischen Antikörper wie auch von ConA-HRP detektiert. Es zeigte sich, dass rrNOV glykosyliert vorliegt. Die Erkennung von rrNOV durch den spezifischen Antikörper ist jedoch unter nicht reduzierenden Bedingungen deutlich besser, wohingegen ConA-HRP gykosyliertes rrNOV unter reduzierenden Bedingungen affiner bindet.

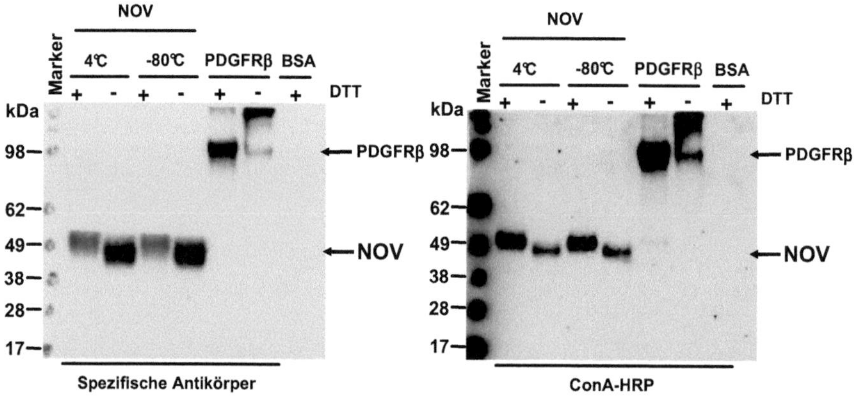

Abbildung 39: Western Blot von rrNOV zur Untersuchung der Glykosylierung. Links: Detektion der Proteine mit dem Anti-NOV oder dem Anti-PDGFRb Antikörper. Rechts: Detektion der Proteine durch Bindung der Zuckerketten durch ConA-HRP. Die rrNOV Proben wurden bei 4 ℃ sowie bei -80 ℃ gelagert. D er Auftrag der Proben auf das PAA-Gel erfolgt unter reduzierenden und nicht reduzierenden Bedingungen (+/- 100 mM DTT) mit anschliessender Elektrophorese. Jeweils links aufgetragen ist der Molmassenstandard, Pfeil markiert die erwartete Proteinbande.

Wie oben bereits beschrieben wurde die Membran zur Kontrolle der Proteinbeladung reversibel mit Ponceau S gefärbt. Es waren deutlich alle Proteine erkennbar (Abbildung 40). Es wurden alle Proteine unter reduzierenden und nicht-reduzierenden Bedingungen aufgetragen, um die möglicherweise durch die Konformation „versteckten“ Zuckerketten aufzufinden.

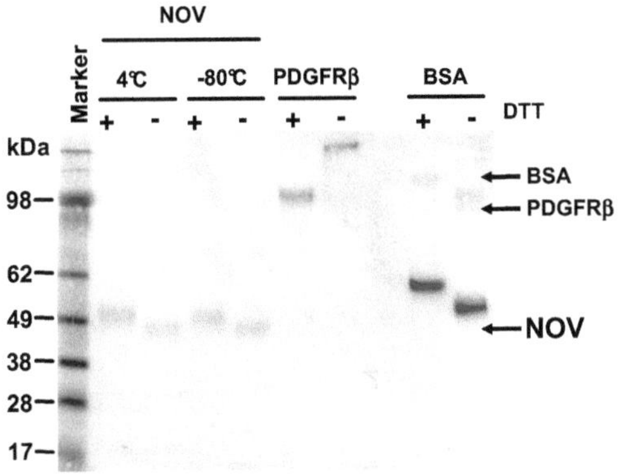

Abbildung 40: Ponceau S gefärbte Nitrocellulose Membran vor der Analyse der Glykosylierung von rrNOV. Die rrNOV Proben wurden bei 4 ℃ sowie -80 ℃ gelagert. Der Auftrag auf das PAA-Gel erfolgte unter reduzierenden und nicht-reduzierenden Bedingungen (+/- 100 mM DTT). BSA ist nur durch unspezifische PonceauS Färbung detektierbar. Links aufgetragen ist der Molmassenstandard, Pfeil markiert die erwartete Proteinbande.

4.8 Deglykosylierung von rhCTGF und rrNOV

Im vorangegangenen Abschnitt konnte durch die Verwendung eines Lektins gezeigt werden, das beide rekombinanten Proteine (rhCTGF und rrNOV) im Gegensatz zu bakteriell exprimiertem (hCTGF) glykosyliert sind. Als weitere Bestätigung dieses Befundes lässt sich die Glykosylierung von Proteinen über die enzymatische Entfernung der Zuckerketten durch spezifische N-Deglykosylasen untersuchen. Die Endo-β-N-acetylglucosaminidase H (Endoglykosidase H oder Endo H) spaltet hoch spezifisch mannosereiche, an Asparaginresten gebundene, Zuckerketten ab. Dabei wird zwischen den ersten beiden, an den Asparaginrest geknüpften Sacchariden gespalten. Dadurch bleibt ein einziger Zuckerrest am Asparagin zurück.

Die Peptid-N-(N-acetyl-β-glucosaminyl)-Asparaginamidase PNGase F spaltet die Amidbindung zwischen der komplexen, hybriden Polysaccharidkette und dem Asparaginrest. Die Deglykosylierungsmethode ist in Kapitel 3.2.7 beschrieben.

4.8.1 Deglykosylierung von rhCTGF

Für die Analyse wurde das aufgereinigte rhCTGF mit Endo H oder PNGase F inkubiert. Jeweils 300 ng des nativen, deglykosylierten rhCTGF wurden pro Spur in einem SDS

PAA-Gel unter reduzierenden Bedingungen aufgetrennt und auf eine Nitrocellulose-Membran transferiert. Die Membran wurde in zwei Teile getrennt, eine Hälfte mit L-20 Anti-hCTGF Antikörper und die andere mit dem HRP-gekoppelten Con A inkubiert.

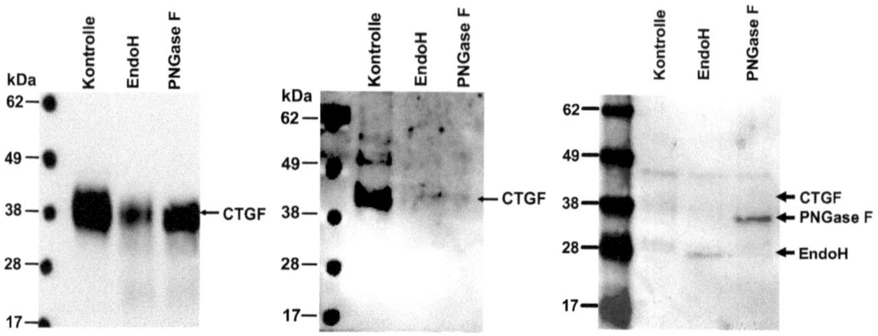

Abbildung 41: Nachweis der Glykosylierung von rhCTGF vor und nach der Inkubation mit Endo H und PNGase F. Links: Spezifischer Nachweis von rhCTGF; Mitte: ConA Detektion des glykosylierten rhCTGF; Rechts: Ponceau S Färbung der Nitrocellulose Membran als Ladungskontrolle. rhCTGF ist in unbehandelter Form durch den spezifischen Antikörper und ConA-HRP nachweisbar, dagegen sind die deglykosylierten rhCTGF Proben nur durch den spezifischen anti-CTGF Antikörper nachweisbar. Links aufgetragen ist der Molmassenstandard, Pfeil markiert die erwartete Proteinbande.

Es zeigte sich, dass das native rhCTGF von dem Antikörper und ConA-HRP detektiert wird. ConA ist unabhängig von der genutzten N-Deglykosylase nicht in der Lage das rhCTGF zu detektieren. Da der spezifische Antikörper rhCTGF in allen Ansätzen eindeutig nachweist, erfolgt durch beide Deglykosylasen eine vollständige Entfernung der Zuckerreste (Abbildung 41). Die Ladungskontrolle wird durch die reversible Anfärbung der Nitrocellulose-Membran nach dem Transfer der Proteine gezeigt. Durch PNGase F und Endo H lässt sich rhCTGF somit vollständig deglykosylieren.

4.8.2 Deglykosylierung von rrNOV

Zur weiteren Analyse von rrNOV bezüglich der Glykosylierung, wurden 600 ng aufgerenigtes rrNOV pro Spur in einem SDS PAA-Gel unter reduzierenden Bedingungen aufgetrennt. Die einzelnen Proben wurden doppelt angesetzt und durch die entsprechende N-Deglykosylase deglykosyliert. Die Proteine wurden auf eine Nitrocellulose-Membran trasferiert. Die Membran wurde in zwei Hälften getrennt. Die eine Hälfte wurde mit dem entsprechenden spezifischen Antikörper für den direkten Nachweis von rrNOV inkubiert, die andere mit ConA-HRP.

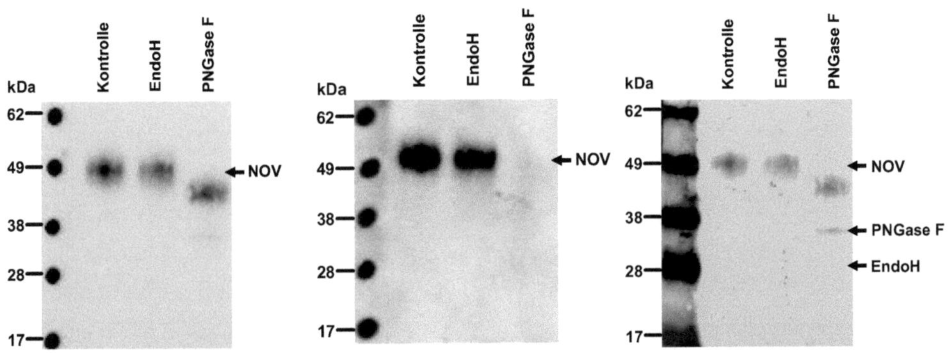

Abbildung 42: Nachweis der Glykosylierung von rrNOV vor und nach der Inkubation mit Endo H und PNGase F. Links: Nachweis mit dem rrNOV spezifischen Antikörper; Mitte: ConA-HRP Detektion von glykosyliertem rrNOV; Rechts: PonceauS Färbung der Nitrocellulose Membran als Ladungskontrolle. rrNOV ist in unbehandelter Form durch den Antikörper und ConA-HRP nachweisbar, dagegen sind die deglykosylierten rrNOV-Proben nur durch den spezifischen Anti-NOV-Antikörper nachweisbar. Links aufgetragen ist der Molmassenstandard, Pfeil markiert die erwartete Proteinbande.

Auch in diesem Versuch konnte bestätigt werden, dass rrNOV gykosyliert wird. Interessanter Weise ist allerdings die Glykosylierung von rrNOV und rhCTGF zu unterscheiden. Endo H war nicht in der Lage rrNOV vollständig zu deglykosylieren, was anhand der ConA-Bindung und der unveränderten Molmasse im Vergleich zur Kontrolle ersichtlich ist. PNGase F auf der anderen Seite führte zu einer vollständigen Entfernung der Zuckerreste, was durch die fehlende Immunreaktivität von ConA belegt wurde. Das Vorhandensein des Proteins war deutlich mit dem spezifischen Antikörper zu zeigen. Hierbei war jedoch eine deutliche Verschiebung des Molekulargewichts von rrNOV nach der Inkubation mit PNGase F festzuhalten, was ebenfalls den Verlust der Zuckerreste bestätigt. Die Änderung der Molmasse war ebenfalls auf der Ponceau S gefärbte Nitrocellulose-Membran zu beobachten (Abbildung 42).

4.9 Bestimmung der biologischen Aktivität von rhCTGF und rrNOV

4.9.1 Bestimmung der Proliferation von stimulierten EA hy 926 Zellen

Die biologische Aktivität des aufgereinigten rhCTGF wurde durch die Quantifizierung der DNA Neusynthese in EA hy 926 Zellen getestet. Die DNA-Neusynthese wurde durch den Einbau von 5-bromo-2´-deoxyuridine (BrdU) gemessen. Die Zellen wurden hierfür zuerst in serumfreiem Wachstumsmedium kultiviert. Die Stimulation mit dem rekombinanten Protein erfolgte ÜN, gefolgt von der Inkubation mit BrdU. Die Detektion von eingebautem BrdU wurde mit Hilfe eines spezifischen monoklonalen Antikörpers, der mit Peroxidase konjugiert ist, durchgeführt. Die Zellen wurden direkt auf der Plattenoberfläche fixiert und permeabilisiert. Die zugängliche DNA wurde mit dem Antikörper inkubiert. Das chromogene TMB Substrat (3,3´,5,5´-tetramethylbenzidine) wurde hierbei oxidiert. Dabei ändert sich die Farbe des Substrats zu blau mit den Absorptionsmaxima bei 370 und 652 nm (Josephy *et al.*, 1982; Josephy *et al.*, 1983). Die Reaktion wird durch die Zugabe von 1 M H_2SO_4 gestoppt. Dies ist verbunden mit einem Farbumschlag nach gelb und einem Absorptionsmaximum bei 450 nm. Die Zelldichte war in allen Experimenten so gewählt, dass die Absorption zwischen 0,6 bei unstimulierten Kontrollen und maximal bei 2 AU bei stimulierten Kontrollen lag (siehe Kapitel 3.2.5.1).

Die Stimulation der EA hy 926 wurde mit einer ansteigenden Verdünnungsreihe des bakteriell hergestellten rhCTGF getestet (Abbildung 43). Die Absorption bei 450 nm nahm bei steigender Konzentration von rhCTGF, ab einer Konzentration im Wachstumsmedium von 100 ng/ml, auf 90% der unstimulierten Kontrolle ab. Es zeigte sich also, dass das rhCTGF bakteriellen Ursprungs (BioVendor) nur eine sehr marginale Wirkung auf die DNA Neusynthese und somit auf die Proliferation der Zellen hat.

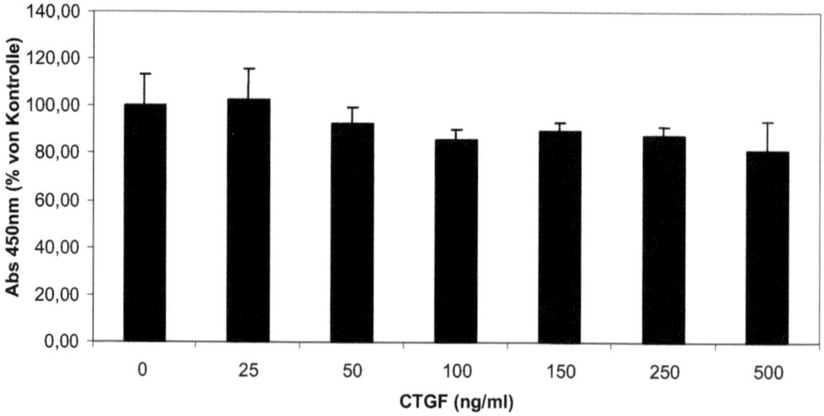

Abbildung 43: Proliferation der EA hy 926 Zellen nach Stimulation mit rhCTGF (bakteriell, BioVendor). Es wird der Einbau von BrdU in neusynthetisierte DNA in einem *Cell Proliferation ELISA (colorimetric;* Roche) gemessen. Fehlerbalken zeigen eine Standard Abweichung aus 3 unabhängigen Experimenten an.

Die Stimulation der EA hy 926 Zellen mit dem aufgereinigten rhCTGF zeigte, im

Gegensatz zum bakteriellen rhCTGF, eine deutliche Zunahme der Absorption bei 450 nm (Abbildung 44). Die Konzentration von rhCTGF zwischen 300 ng/ml und 500 ng/ml ergab etwa 125% vom Absorptionswert der „null“ Kontrolle. Die maximale Absorption lag bei 150% der „null“ Kontrolle bei einer eingesetzten rhCTGF Menge von 700 ng/ml. Bei 1500 ng/ml rhCTGF konnte keine weitere Steigerung der DNA Neusynthese in EA hy 926 Zellen erreicht werden.

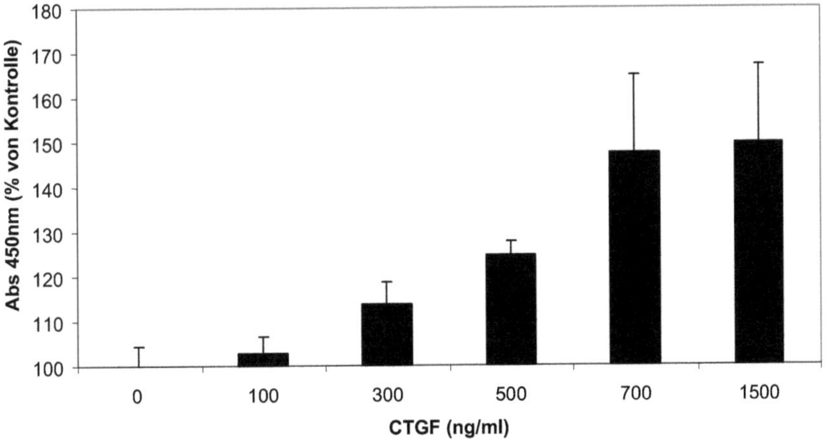

Abbildung 44: Proliferation von EA hy 926 Zellen nach Stimulation mit aufgereinigtem rhCTGF (Eukaryotische Expression). Es wurde der Einbau von BrdU in neusynthetisierte DNA in einem *Cell Proliferation ELISA (colorimetric;* Roche) gemessen. Fehlerbalken zeigen eine Standardabweichung aus 3 unabhängigen Experimenten an.

Das aufgereinigte rhCTGF aus 293 Zellklonen bewirkte eine konzentrationsabhängige Absorptionssteigerung bei 450 nm in stimulierten EA hy 926 Zellen. Es zeigte sich, dass die Zellen endothelialen Ursprungs auf rhCTGF Gabe mit Proliferation reagieren.

Die Positivkontrolle für den Einbau von BrdU während der DNA-Neusynthese in EA hy 926 Zellen wurde durch die Stimulation mit PDGF-BB (25 ng/ml) im Stimulationsmedium durchgeführt. Die Negativkontrolle wurde durch die Stimulation mit TGF-β1 (1 ng/ml) im Stimulationsmedium durchgeführt (Abbildung 45).

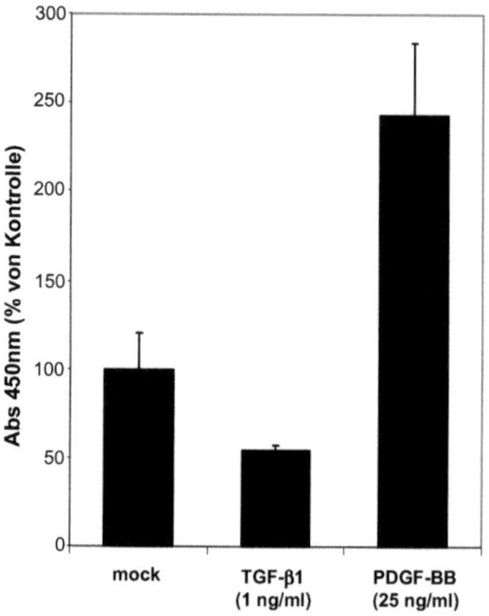

Abbildung 45: Proliferation der EA hy 926 Zellen nach Stimulation mit PDGF-BB und TGF-b1. Es wurde der Einbau von BrdU in neusynthetisierte DNA in einem *Cell Proliferation ELISA (colorimetric;* Roche) gemessen (Positiv- sowie Negativkontrolle). Die Fehlerbalken zeigen eine Standard Abweichung aus 3 unabhängigen Experimenten an.

Es zeigte sich eine deutlich höhere relative Absorption bei 450 nm bei PDGF-BB stimulierten EA hy 926 Zellen mit einem Wert von 250% der unstimulierten Kontrolle („mock"). Die eingebaute BrdU Menge nahm dagegen in Anwesenheit von TGF-β1 in EA hy 926 Zellen auf etwa 50% der Kontrolle ab. Es konnte eine unterschiedliche Wirkung von TGF-β1 (anti-mitogen) und PDGF-BB (pro-mitogen) auf die Proliferation der EA hy 926 Zellen gezeigt werden.

4.9.2 Aktivierung von Smad3 durch rhCTGF und rrNOV in EA hy 926 Zellen

Die Aktivierung von Smad3 mit Hilfe des artifiziellen Luziferase-Reporters $(CAGA)_{12}$-MLP-Luc nachgewiesen werden. Für diese Analyse wurden die EA hy 926 Zellen transient mit $(CAGA)_{12}$-MLP-Luc DNA transfiziert. Die Stimulation mit den Zytokinen erfolgte in Stimulationsmedium. Die Zellen wurden lysiert, und die Luziferase Aktivität in den Zelllysaten durch Zugabe des *Luciferase Assay Reagent* (LAR, Promega) bestimmt. Die Emission bei einer Wellenlänge von 560 nm kann quantifiziert werden und somit die Aktivität der gebildeten Luziferase umgerechnet werden (siehe auch 3.2.5.2). Die Angabe der relativen Luziferase Aktivität wurde auf die unstimulierte Kontrolle arithmetisch angeglichen. Die Stärke der Aktivierung der Smad3-Signalkaskade durch die aufgereinigten rhCTGF und rrNOV sowie durch rhCTGF (BioVendor) - bakteriellen Ursprungs - kann mit den bekannten, profibrotischen Zytokinen, wie TGF-β1 und PDGF-BB in den EH hy 926 Zellen gemessen werden.

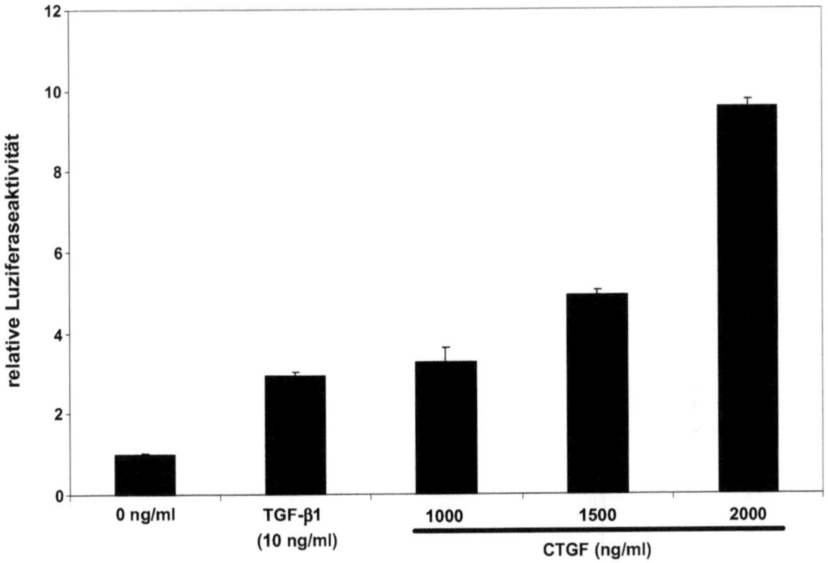

Abbildung 46: Relative Luziferaseaktivität in den Zelllysaten von stimulierten EA hy 926 Zellen. EA hy 926 Zellen wurden transient mit $(CAGA)_{12}$-MLP-Luc transfiziert und 24 h mit TGF-b1 oder aufgereinigtem rhCTGF stimuliert. Die gemessene Luziferaseaktivität wurde auf die Proteinkonzentration der entsprechenden Zelllysate normiert. Die unstimulierten EA hy 926 Zellen wurden als mock = 1 gesetzt. Die stimulierten Zellen wiesen eine Steigerung der Luziferaseaktivität auf. Fehlerbalken zeigen eine Standard Abweichung aus 3 unabhängigen Experimenten an.

Die Stimulation mit einer ansteigenden Konzentration des aufgereinigten rhCTGF aus 293 Zellklonen erreichte bei einer rhCTGF-Konzentration von 2 µg/ml eine 10fach erhöhte Luziferase-Aktivität verglichen mit der unstimulierten Kontrolle. Die Stimulation von EA hy 926 Zellen mit 1 µg/ml rhCTGF führte zu einer Erhöhung der Smad3 Aktivierungierung um das 3fache, verglichen mit der unstimulierten Kontrolle. Dies entspricht einer Stimulation der Zellen mit 10 ng/ml TGF-β1 (Abbildung 46).Durch ansteigende Konzentration von rhCTGF mit 250 ng/ml bis 2000 ng/ml stieg simultan die Luziferaseaktivität (Abbildung 47) an. Es zeigte sich in diesem Versuch, dass das aufgereinigte rhCTGF aus den 293 Zellklonen eine biologische Aktivität besitzt, und in den EA hy 926 Zellen eine Signalkaskade auslöst, die zur Aktivierung/Phosphorylierung von Smad3 führt.

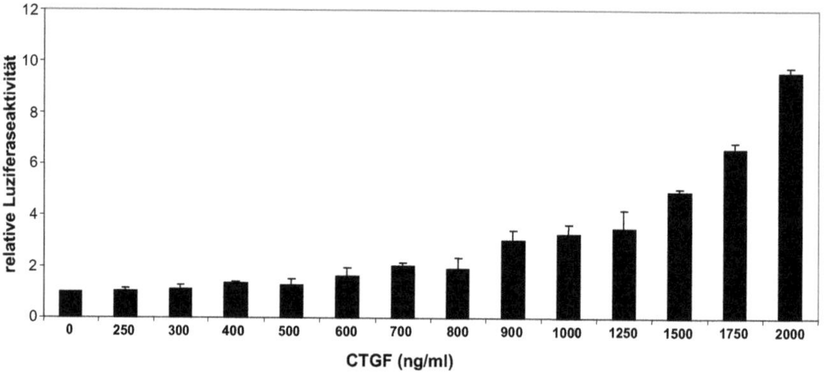

Abbildung 47: Relative Luziferaseaktivität in den Zelllysaten von stimulierten EA hy 926 Zellen. EA hy 926 Zellen wurden transient mit $(CAGA)_{12}$-MLP-Luc transfiziert und 24 h mit aufgereinigten rhCTGF stimuliert. Die gemessene Luziferaseaktivität wird auf die Proteinkonzentration der entsprechenden Zelllysate normiert. Die unstimulierten EA hy 926 Zellen werden als mock = 1 gesetzt. Die stimulierten Zellen weisen eine Steigerung der Luziferaseaktivität auf. Fehlerbalken zeigen eine Standard Abweichung aus 3 unabhängigen Experimenten an.

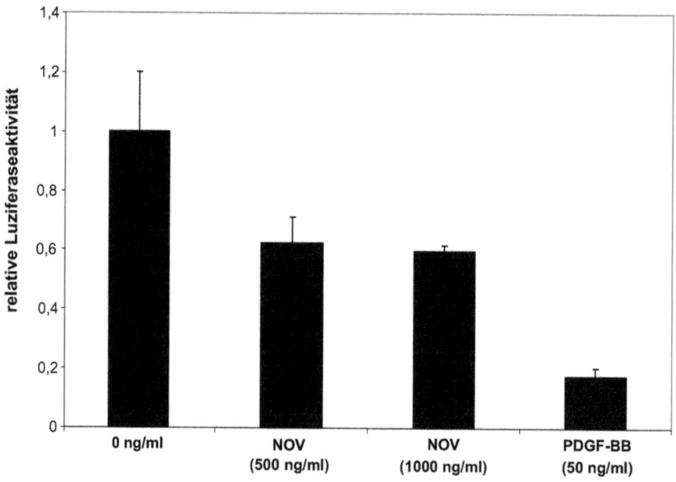

Abbildung 48: Relative Luziferaseaktivität in den Zelllysaten von stimulierten EA hy 926 Zellen. EA hy 926 Zellen wurden transient mit $(CAGA)_{12}$-MLP-Luc transfiziert und 24 h mit aufgereinigten rrNOV oder PDGF-BB stimuliert. Die gemessene Luziferaseaktivität wurde auf die Proteinkonzentration der entsprechenden Zelllysate normiert. Die unstimulierten EA hy 926 Zellen wurden als 1 gesetzt. Die stimulierten Zellen wiesen eine Abnahme der Luziferaseaktivität auf. Fehlerbalken zeigen eine Standard Abweichung aus 3 unabhängigen Experimenten an.

Die Überprüfung der biologischen Aktivität von aufgereinigtem rrNOV wurde ebenfalls anhand der Luziferaseaktivität in den transient mit dem $(CAGA)_{12}$-MLP-Luc transfizierten EA hy 926 Zellen gemessen. Es zeigte sich, dass rrNOV eine inhibitorische Wirkung auf die Smad3 Aktivierung hat (Abbildung 48). Die Stimulation mit 500 sowie 1000 ng/ml rrNOV führte zu einer Abnahme der Luziferaseaktivität auf etwa 60%. Eine Negativkontrolle für die Smad3 Aktivierung stellte Stimulation mit PDGF-BB dar. Die gemessene Lichtemission betrug nur rund 20% von der unstimulierten Kontrolle. Zur Überprüfung, ob die Aktivierung von Smad3 direkt durch rhCTGF bewirkt wurde, wurde ein CTGF Antikörper zur Inhibition der CTGF Funktion (L-20, Santa Cruz) eingesetzt (Abbildung 49).

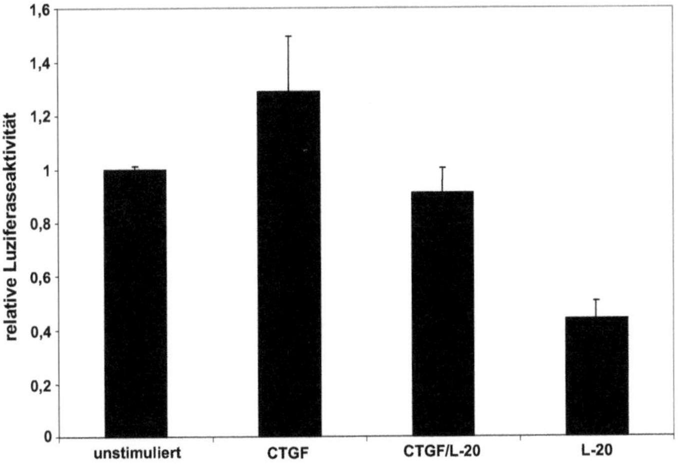

Abbildung 49: Einfluß des blockierenden CTGF-Antikörpers auf die relative Luziferaseaktivität in den Zelllysaten von stimulierten EA hy 926 Zellen. EA hy 926 Zellen wurden transient mit $(CAGA)_{12}$-MLP-Luc transfiziert und 24 h mit aufgereinigtem rhCTGF, CTGF/Anti-hCTGF Antikörper (L-20) Lösung oder L-20 Anti-hCTGF Antikörper alleine stimuliert. Die gemessene Luziferaseaktivität wurde auf die Proteinkonzentration der entsprechenden Zelllysate normiert. Die unstimulierten EA hy 926 Zellen wurden als 1 gesetzt. Fehlerbalken zeigen eine Standard Abweichung aus 3 unabhängigen Experimenten an.

Das Gemisch aus rhCTGF und Antikörper wurde vor dem Versuch 5 min prä-inkubiert und anschließend zu den Zellen gegeben. Als Kontrolle wurde der L-20 Antikörper genauso wie bei der Stimulation mit rhCTGF zu den Zellen gegeben. Es zeigte sich eine um etwa den Faktor 1,3 gesteigerte Luziferase Aktivität bei den EA hy 926, die nur mit 500 ng/ml rhCTGF stimuliert wurden. Der Einsatz von rhCTGF zusammen mit dem blockierenden Antikörper (in 50%igen Überschuss) bewirkte eine Inhibition des rhCTGF Effektes auf die Luziferase Aktivierung. Der Antikörper allein bewirkte allerdings ebenfalls eine

Verringerung der Luziferase Aktivität auf etwa 50%. Da gezeigt werden konnte, dass EA hy 926 Zellen endogen CTGF exprimieren, ist es möglich, dass endogenes CTGF der EA hy 926 Zellen durch die Inkubation mit 750 ng/ml L-20 Anti-hCTGF-Antikörper inhibiert wird. Der Antikörper zeigte im Western Blot keine Kreuzreaktivität mit anderen Wachstumsfaktoren wie TGF-β1. Das vollständige Inhibieren des CTGF-Effektes auf die Smad3 Aktivierung mit dem spezifischen CTGF-Antikörper ist sehr wichtiger Hinweis darauf, dass die tatsächliche biologische Aktivität auf der Funktion des aufgereinigten rhCTGF beruht. Die Stimulation der transient mit $(CAGA)_{12}$-MLP-Luc transfizierten EA hy 926 Zellen mit einer aufsteigenden Verdünnungsreihe von PDGF-BB zeigte eine deutliche Abnahme der Smad3 Aktivierung in diesem Zellsystem. Die Sättigung ist schon mit 5 ng/ml erreicht (Abbildung 50). Die Luziferaseaktivität sinkt dann auf 30 % von der unstimulierten Kontrolle ab.

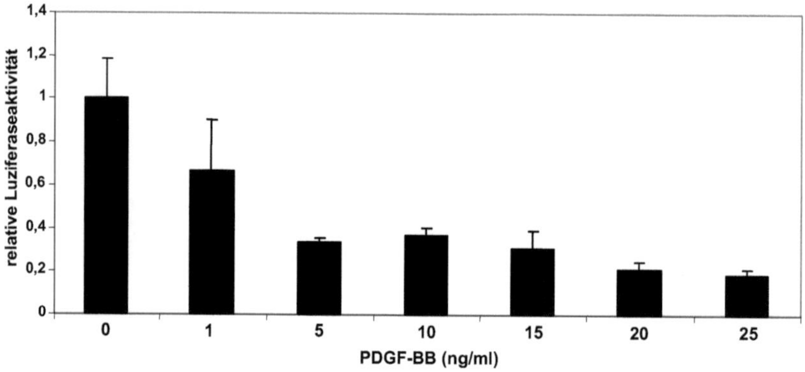

Abbildung 50: Relative Luziferaseaktivität in den Zelllysaten von stimulierten EA hy 926 Zellen. EA hy 926 Zellen wurden transient mit $(CAGA)_{12}$-MLP-Luc transfiziert und 24 h mit PDGF-BB stimuliert. Die gemessene Luziferaseaktivität wurde auf die Proteinkonzentration der entsprechenden Zelllysate normiert. Die unstimulierten EA hy 926 Zellen werden als 1 gesetzt. Die stimulierten Zellen wiesen eine Abnahme der Luziferaseaktivität auf. Fehlerbalken zeigen eine Standard Abweichung aus 3 unabhängigen Experimenten an.

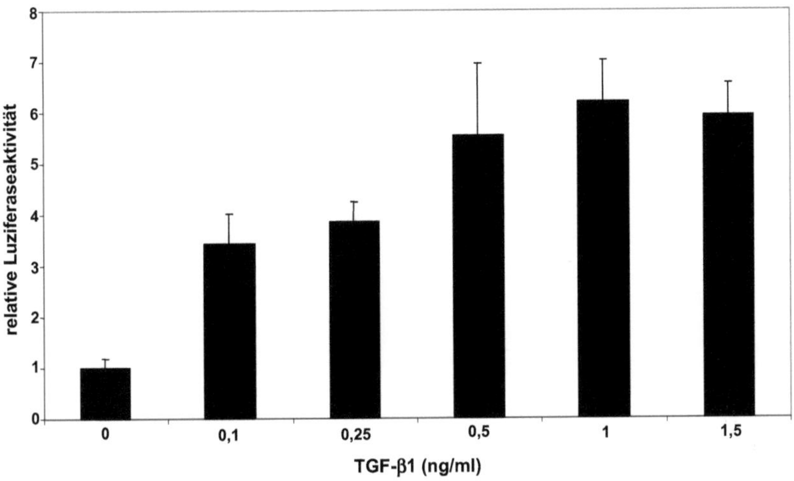

Abbildung 51: Relative Luziferaseaktivität in TGF-b1 stimulierten EA hy 926 Zellen. EA hy 926 Zellen wurden transient mit $(CAGA)_{12}$-MLP-Luc transfiziert und 24 h mit TGF-b1 stimuliert. Die gemessene Luziferaseaktivität wurde auf die Proteinkonzentration der entsprechenden Zelllysate normiert. Die stimulierten Zellen wiesen eine Zunahme der Luziferaseaktivität auf. Fehlerbalken zeigen eine Standard Abweichung aus 3 unabhängigen Experimenten an.

Die Stimulation der EA hy 926 Zellen mit TGF-β1 bewirkte schon ab 0,1 ng/ml eine 3fache Steigerung der Luziferaseaktivität (Abbildung 51). Die Sättigung ist mit 1 ng/ml TGF-β1 erreicht und beträgt dann das 6fache bis 7fache der unstimulierten Kontrolle. Die EA hy 926 Zellen zeigten nach der Kultivierung in serumfreiem Medium unterschiedliche Reaktionen auf die Stimulation mit TGF-β1, PDGF-BB und rhCTGF. Die statistische Auswertung der Ergebnisse von jeweils 3 unabhängigen Experimenten mit 3 Wiederholungen ergab eine Aussage über die Signifikanz der nachgewiesenen Effekte (Abbildung 52). Die Zugabe von 5 ng/ml PDGF-BB zu den transient mit dem $(CAGA)_{12}$-MLP-Luc transfizierten EA hy 926 Zellen führt zu einer signifikanten Abnahme der gemessenen Luziferaseaktivität in einem zweiseitigen t-test ($P < 0,01$). Die Stimulation mit 1 ng/ml TGF-β1 unter serumfreien Bedingungen führt zu einem signifikanten ($P < 0,01$) Anstieg der gemessenen Luziferaseaktivität auf etwa 400 % (Faktor 4) im Vergleich zur unstimulierten Kontrolle. Die Stimulation mit aufgereinigtem rhCTGF führt zu einem signifikanten Anstieg ($P \leq 0,05$) der Luziferase Aktivität, für 500 ng/ml um etwa 30% und für 1000 ng/ml um etwa 100% von der unstimulierten Kontrolle.

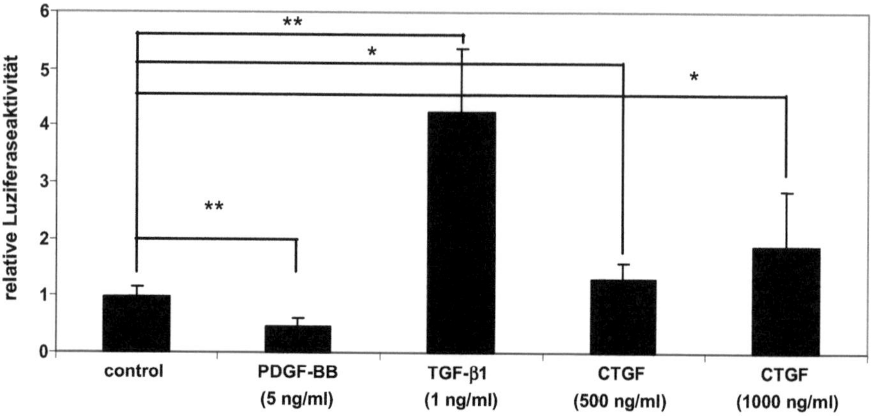

Abbildung 52: Relative Luziferaseaktivität in stimulierten EA hy 926 Zellen. Die Unterschiede der relativen Werte von den mit PDGF-BB und TGF-b1 stimulierten EA hy 926 Zellen und Kontrollzellen sind signifikant (P < 0,01). Die relativen Luziferaseaktivitätswerte der mit rhCTGF stimulierten EA hy 926 Zellen sind ebenfalls signifikant (P ≤ 0,05) unterschiedlich von denen der unstimulierten Kontrolle. Die Berechnung der P-Werte erfolgt mit einem doppelseitigen t-test. Fehlerbalken zeigen eine Standard Abweichung aus 3 unabhängigen Experimenten.

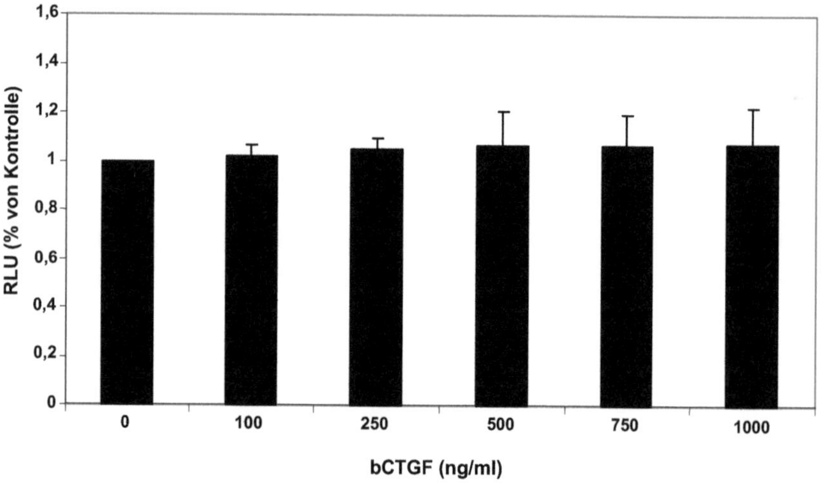

Abbildung 53: Relative Luziferase Aktivität in stimulierten EA hy 926 Zellen. EA hy 926 Zellen wurden transient mit $(CAGA)_{12}$-MLP-Luc transfiziert und 24 h mit bCTGF (rhCTGF bakteriell überexprimiert, BioVendor) stimuliert. Die gemessene Luziferaseaktivität wurde auf die Proteinkonzentration der entsprechenden Zelllysate normiert. Die stimulierten Zellen wiesen keine Zunahme der Luziferaseaktivität auf. Fehlerbalken zeigen eine Standard Abweichung aus 3 unabhängigen Experimenten an.

Die Stimulation der transient mit $(CAGA)_{12}$-MLP-Luc transfizierten EA hy 926 Zellen mit rhCTGF (bakterielle Überexpression, BioVendor) zeigte keinen Anstieg der Luziferaseaktivität. In diesem *read-out* System sowie Zellproliferationsassay ist keine biologische Aktivität von dem bakteriell überexprimierten rhCTGF (BioVendor) erkennbar.

4.9.3 Mitogene Wirkung von Wachstumsfaktoren auf die EA hy 926 Zellen

Die Wirkung auf die Proliferation der EA hy 926 Zellen kann auch durch Messung des Gesamtproteins in den Zelllysaten von stimulierten Zellen überprüft werden. Die gleiche Anzahl von EA hy 926 Zellen wurde hierfür im Stimulationsmedium für 24 h stimuliert. Die Zellen wurden in RIPA Puffer lysiert und mittels des MicroBCA Proteinbestimmunsassays von Pierce kolorimetrisch vermessen. Es zeigte sich, dass PDGF-BB das stärkste Mitogen unter den untersuchten Proteinen, rrNOV, rhCTGF, TGF-β1 und PDGF-BB ist (Abbildung 54). Die Steigerung des Proteingehaltes im Zelllysat der mit 100 ng/ml PDGF-BB um etwa 60 % gegenüber der nicht stimulierten Kontrolle korreliert mit den Daten aus dem BrdU Assay (Abbildung 45). Es zeigte sich, dass die *de-novo* Synthese der DNA in PDGF-BB stimulierten EA hy 926 Zellen mit der verstärkten Proteinneusynthese einhergeht.

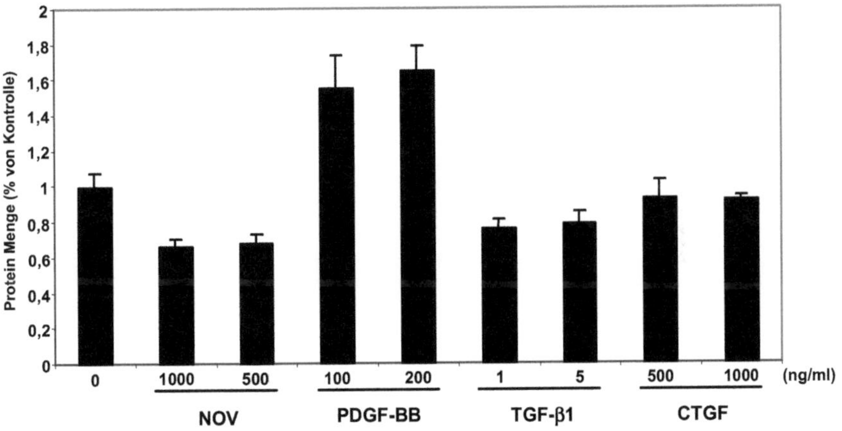

Abbildung 54: Die Proteinkonzentration in Zelllysaten von stimulierten EA hy 926 Zellen. Die gleiche Anzahl von EA hy 926 Zellen wurde 24 h im Stimulationsmedium mit rrNOV, PDGF-BB, TGF-b1 und rhCTGF stimuliert. Die unstimulierten EA hy 926 Zellen wurden als 1 gesetzt. Die Proteinkonzentrationen der Zelllysate von stimulierten EA hy 926 Zellen werden im Verhältnis zu der unstimulierten Kontrolle angegeben. Fehlerbalken zeigen eine Standard Abweichung aus 3 unabhängigen Experimenten an.

Die Stimulation mit rhCTGF führte zu keinem Anstieg der Proteinmenge in den Lysaten der EA hy 926 Zellen. Die Stimulation mit TGF-β1 und rrNOV führt zu einer um etwa 40 %

geringeren Proteinmenge in den Zelllysaten der EA hy 926 Zellen im Vergleich zu der unstimulierten Kontrolle.

4.10 Wechselwirkung von rhCTGF und endogenem NOV in den EA hy 926 Zellen

Die Wirkung der Überexpression von rhCTGF auf die Expression von NOV wurde in den EA hy 926 Zellen untersucht (Abbildung 55). Im Stimulationsmedium ist eine endogene CTGF sowie NOV Expression in den Zelllysaten der EA hy 926 Zellen und nicht in HEK 293 Zellen nachweisbar. zeigten Zellen, die im Vollmedium kultivierten HEK 293 zeigen keine Expression von NOV oder CTGF. Die stabilen 293 Zellklone zeigen lediglich eine CTGF Expression. Die Stimulation der EA hy 926 Zellen mit Serum führt zu einer stärkeren CTGF und etwa gleich bleibenden NOV Expression. Die Stimulation der EA hy 926 Zellen mit dem serumfreien, rhCTGF konditionierten Stimulationsmedium, führt zu einer verstärkten Bande von CTGF. Es ist auch interessant zu sehen, dass die HEK 293 Zellen nach der Kultivierung in dem, mit rhCTGF konditioniertem Stimulationsmedium, einen Anstieg von CTGF im Zelllysat aufgewiesen haben. Da die HEK Zellen keine CTGF Expression zeigen, auch nachgewiesen mittels CTGF ELISA, stellt sich einfach die Frage, ob es das CTGF aus dem Medium in die Zellen gelangt ist oder an der äußeren Membran, trotz 3-fachen Waschens mit PBS (1 x) vor der Lyse gebunden worden ist. Das CTGF hat eine Proliferation fördernde Wirkung auf die EA hy 926 Zellen. Da die, laut der Literatur, NOV Expression in proliferierenden Zellen abnimmt, kann auf diese Weise die Abnahme der Expression erklärt werden. Die Expression von NOV in serumstimulierten Zellen nimmt nicht in dem Maße zu, wie die von CTGF.

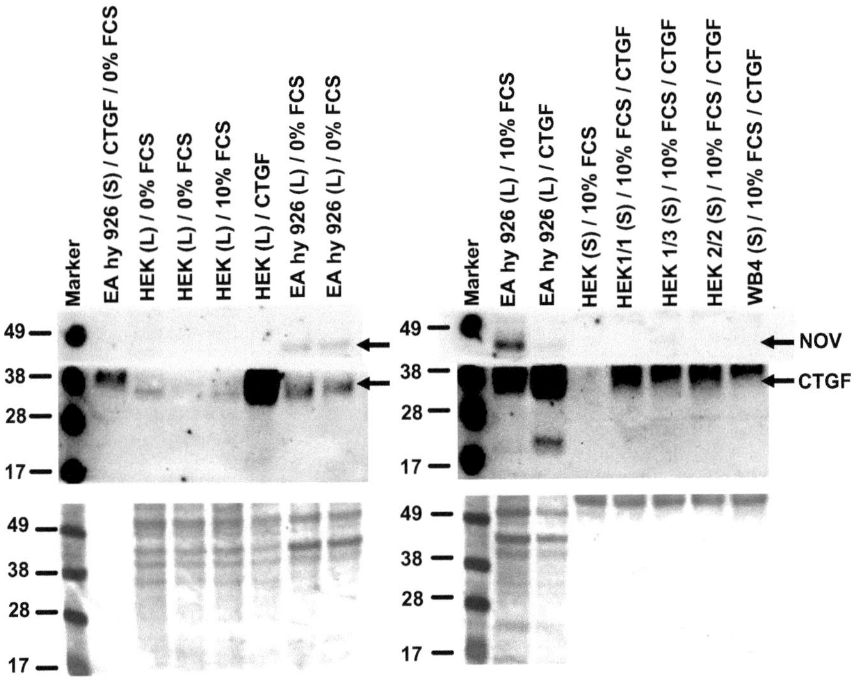

Abbildung 55: Immunologischer Nachweis der CTGF und NOV Expression in HEK 293, EA hy 926 und stabilen 293 Zellklonen in Überständen (S) und Zelllysaten (L) im Western Blot. Die CTGF-Detektion erfolgte mittels L-20 Anti-hCTGF Antikörper und die NOV-Detektion erfolgte mit dem AF1976 Antikörper. Von jedem Lysat wurden 15 µg Protein aufgetragen, elektrophorestisch aufgetrennt und auf eine Nitrocellulose Membran transferiert. Diese wurde zerteilt und mit Antikörpern gegen NOV (oberer Teil) und gegen CTGF (unterer Teil) inkubiert. Als Ladungskontrolle diente eine Ponnceau S Färbung der Nitrocellulose-Membran nach dem Proteintransfer. Links aufgetragen wurde ein Molmassenstandard, Pfeil markiert die erwartete Proteinbande.

5 Diskussion

5.1 Bedeutung der CCN-Proteine

Die Mitglieder der CCN-Familie von Wachstumsfaktoren sind in der letzten Dekade zunehmend in den Fokus der Wissenschaft geraten. Es ist bislang trotzdem sehr wenig über die intrazellulären Signalwege der CCN-Proteine bekannt. Die Interaktion der CCN-Proteine mit den Integrinen und HSPG (*heparan sulfate proteoglycans*) spielt nach den letzten Erkenntnissen eine wichtige Rolle für die Signalweiterleitung zum Zellkern (Gao und Brigstock, 2004; Walsh *et al.,* 2008). Eine erhöhte Expression von bestimmten Mitgliedern der CCN-Familie wird in Folge von bestimmten Erkrankungen beobachtet. Im Falle von CTGF ist eine erhöhte Überexpression insbesondere während Vernarbungsprozessen bei Wundverschluss, fibrotischen Erkrankungen sowie Krebs nachweisbar (Leask und Abraham, 2006; Holbourn *et al.*, 2008). Die verstärkte Expression von NOV wird in bestimmten Tumorerkrankungen, wie dem Willm´s Tumor (Nephroblastoma) beobachtet (Subramaniam *et al.*, 2008). Es ist bekannt, dass die Mitglieder der CCN-Familie sehr stark für eine proteolytische Spaltung, insbesondere zwischen der Domäne 1 und 2 sowie der Domäne 3 und 4, anfällig sind. Die aus diesem Verdau hervorgehenden Isotypen von CTGF und von NOV zeigen einen anderen stimulativen Charakter. Das vollständige CTGF entfaltet eine tumorsuppremierende Wirkung, dagegen führt das Abspalten der CT-Domaine zu einer verstärkten Proliferation der Zellen in dem jeweiligen Tumor (Perbal, 2004; Dhar und Ray 2010). Die beiden CCN-Proteine scheinen eine entgegengesetzte Wirkung auf die Proliferation von Zellen und Synthese von ECM-Proteinen sowie die Aktivität bestimmter Matrix-Metallo-Proteinasen zu haben. Die Expression von CTGF und NOV scheint abhängig von der Stärke der Expression des jeweiligen CCN-Proteins zu sein. Es ist gezeigt worden, dass NOV die Expression von CTGF und Kollagen runterregulieren kann (Riser *et al.*, 2009). Welcher therapeutische Nutzen für die fibrotischen Erkrankungen aus dieser Erkenntnis gewonnen werden kann, ist noch offen.

Im Rahmen dieser Arbeit wird der Schwerpunkt auf die Untersuchung von vollständigen rhCTGF und rrNOV Proteine gelegt. Die Aufreinigung von rhCTGF und rrNOV über die HiTrap™ Heparin Säule erlaubt eine Selektion der vollständigen Proteine über die spezifische Bindung durch die Heparinbindungsstelle in dem C-terminalen Teil von rhCTGF und rrNOV (Holbourn *et al.*, 2008). Die anschliessende Gelfiltration ermöglicht die

Aufreinigung von vollständigen Proteinen. Eine Kontrolle der Glykosylierung der beiden Mitglieder der CCN-Familie soll den tatsächlichen Status und Art der Glykosylierung bestimmen. Die biologische Aktivität von aufgereinigtem rhCTGF wird mit der biologischen Aktivität von bakteriell exprimierten rhCTGF (BioVendor) *in vitro* verglichen.

5.2 Biotechnologische Herstellung der rekombinanten Proteine

Für die Untersuchung von bestimmten Proteinen wird eine möglichst große Menge des zu untersuchenden Proteins benötigt. Die meisten Proteine befinden sich in einer relativ niedrigen Konzentration in ihrer „natürlichen" Umgebung. Es ist daher vorteilhaft ein Expressionssystem zu etablieren, welches eine deutlich höhere Konzentration des gesuchten Proteins exprimiert. Das entscheidende an der Erhöhung der Expression ist die Erhöhung der Menge des exprimierenden Materials, der Zellzahl. Es ist daher erforderlich die Anzahl der Zellen pro Einheit des eingesetzten Volumens zu erhöhen, um den Aufwand der späteren Aufreinigung des Proteins aus der biologischen Ressource niedrig zu halten. Es existiert eine Vielzahl von Expressionssystemen für rekombinante Proteine mit Vor- und Nachteilen in der Handhabung und Ausbeutung aber auch in den Möglichkeiten zur sekundären Modifikation der exprimierten Proteine. Die bakteriellen Expressionssysteme zeichnen sich durch einfache Kultivierung, hohe Zellproliferation und hohe Ausbeute des rekombinanten Proteins aus. Der Nachteil der bakteriellen Expression von eukaryontischen Proteinen sind die fehlenden post-translationale Modifikationen wie Glykosylierung und Phosphorylierung. Die Bedeutung der post-translationaler Modifikation, vor allem der Glykosylierung kann jedoch entscheidend für die Funktion der sekretorischen Proteine sein (Chen *et al.*, 2010). Die einfachen eukaryontischen Expressionssysteme wie Hefen sind grundsätzlich in der Lage Glykosylierungen der Proteine durchzuführen, die Glykosylierungsmuster weichen aber von den Säugertiermustern stark ab. Die Expression der rekombinanten Proteine durch ein Baculovirus-Insektenzellen-System erlaubt gute Überexpression von eukaryontischen, rekombinanten Proteinen. Der Nachteil sind wiederum die deutlich einfacheren und verkürzten Glykosylierungsmuster. Es fehlt z.B. die terminale Sialinsäure, welche bei vielen mammalischen Proteinen wichtig für die Signalweitergabe ist. Das eukaryontische Expressionssystem in Säugertierzelllinien (wie HEK 293 oder Flp-In™ 293 Zellen) bietet als einziges die vollständige post-translationale Modifizierung während der Expression der rekombinanten Proteine. Das größte Manko ist die deutlich niedrigere Proliferationsrate der Zellen im Vergleich zu allen anderen Expressionssystemen und hohe Ansprüche auf die Kulturbedingungen.

Die Suche nach einer geeigneten Quelle für die rekombinanten CTGF und NOV Expression war ein wichtiger Startpunkt für diese Arbeit. Es wurden im Laufe der Dissertation rhCTGF exprimierende, stabile 293 Zellklone auf der Grundlage der parentalen HEK 293 und Flp-In™ 293 Zellen durch Co-Transfektion mit pcDNA5/FRT TO-hCTGF und pOG44 und mit anschliessender Hygromycin B Selektion etabliert. Die Expression von rekombinanten rNOV erfolgt dagegen in COS-7 Zellen, die mit dem Ad-CMV-rNOV transfiziert worden waren. Die Erzeugung eines stabil transfizierten Zellklons ist daher nicht erforderlich gewesen, da die theoretische Transfektionsrate der Zellen mit dem viralen Vektor sehr hoch ist. Die, durch den CMV-Promoter gesteuerte, Expression von rhCTGF und rrNOV erfolgt im serum-freien Expressionsmedium. Die Stärke der Expression der beiden rekombinanten CCN-Proteine wird durch SDS-PAGE, Western Blot sowie spezifischen ELISA überprüft. Es sind 2 auf Flp-In™ 293 basierende Zellklone etabliert worden → WB2 und WB4. Es sind auch 3 auf HEK 293 basierende Zellklone erzeugt worden → HEK 1/1, HEK 1/3 und HEK 2/2. Diese 5 Zellklone zeigen eine ähnlich hohe Expression von rhCTGF sowie Stabilität der integrierten DNA für über 100 Passagen (Abbildung 12 und Abbildung 13).

5.3 Aufreinigung der rekombinanten Proteine hCTGF und rNOV

Die Expression von rhCTGF erfolgt in einem, in der Verfahrenstechnik bekannten, \`Batch-Verfahren\`. Die stabilen Zellklone wurden nach dem Aussäen bis zur Adhärenz in Vollmedium kultiviert. Die Expressionsphase von rhCTGF startet mit dem Mediumwechsel gegen frisches, aber serumfreies Expressionsmedium. Die Komponenten des Expressionsmediums werden dabei verbraucht, das rhCTGF dagegen von den Zellen sezerniert und in dem Expressionsmedium angereichert. Im Falle von rrNOV wurden die COS-7 Zellen ausgesät und bis zum Erreichen von 95%igen Konfluenz in Vollmedium kultiviert. Nach der Infektion mit dem adenoviralen Vektor (Ad-CMV-rNOV) erfolgen ebenfalls ein Mediumwechsel und die Anreicherung mit rrNOV in dem serumfreien Expressionsmedium. Die Aufreinigung der beiden rekombinanten CCN-Proteine erfolgt aus dem konditionierten serum-freien Expressionsmedium der Zellen. Die beiden Proteine können jeweils über die Heparin-Affinitätschromatographie aus dem Expressionsmedium isoliert werden. Durch einen Gelfiltrationsschritt mit Hilfe des ÄKTA™ FPLC Systems können alle weiteren Verunreinigungen entfernt werden. Aus insgesamt 280 ml Expressionsmedium können 300 µg rrNOV in einer typischen Aufreinigung isoliert werden.

Es lassen sich 150 µg rhCTGF aus 400 ml konditionierten Expressionsmedium der stabilen 293 Zellklone aufreinigen. Die beiden rekombinanten Proteine können also in brauchbaren Mengen und notwendigen Reinheit aus den eukaryontischen Expressionssystemen isoliert werden.

Die Möglichkeit brauchbare Mengen an biologisch aktiven CTGF und NOV Proteine zu produzieren, erlaubt weitere Untersuchungen von Schlüsselfragen bezüglich der Struktur, post-translationaler Modifikationen (z.B. Glykosylierung und Phosphorylierung) sowie unterschiedlicher Funktion dieser beiden CCN-Proteine.

5.4 Biophysikalische Untersuchungen der rekombinanten Proteine

Die Gelfiltration (HiLoad™ Superdex 75 16/60, GE Healthcare) mit dem ÄKTA™ FPLC System zeigt einen interessanten Einfluss auf die Retentionszeit von rhCTGF durch die Ionenstärke des verwendeten Puffers. Die NaCl Konzentration von 150 mM im Tris-Elutionspuffer (10 mM, pH 7) verkürzt die Dauer der Elution von rhCTGF, dagegen führt die Elution im NaCl-freien Tris-Puffer (10 mM Tris, pH 7) eine Verlängerung der Retentionszeit. Die drastische Veränderung der Elutionszeit könnte darauf hinweisen, dass das rhCTGF stark mit der Sepharose-Matrix interagiert. rrNOV dagegen ließ sich etwa im Bereich von 44 kDa von der Gelfiltrationssäule eluieren.

Es konnte in dieser Studie demonstriert werden, dass eine der wichtigsten post-translationalen Modifikationen, die N-Glykosylierung, in beiden aufgereinigten, rekombinanten Mitgliedern der CCN-Familie, CTGF und NOV, vorhanden ist. Die beiden Proteine konnten durch eine Affinität zu ConA-HRP sowie Antikörper nachgewiesen werden. Die Affinität für Con A verschwand, nach dem die beiden Proteine mit den Endoglykosidasen Endo H und PNGase F inkubiert worden waren. Weitere Belege für die Glykosylierung sind vor allem, dass die beiden CCNs keine „scharfe" Bande zeigen und auch nicht Uniform in der Massenspektrometrie erscheinen. Die Bestimmung der molekularen Massen von rhCTGF und rrNOV erfolgt durch MALDI-TOF/TOF Massenspektrometer. Das Ergebnis für rhCTGF bestätigt die Beobachtung durch SDS-PAGE sowie Western Blot von zwei, durch leichte Variation im molekularen Gewicht unterschiedlichen, Isoformen von CTGF. Eine Isoform hat ein molekulares Gewicht von 37700 Da, die andere 38269 Da. Das Ergebnis für NOV liefert nur eine einzige diskrete Masse von 44992 Da.

Die Auftrennung der beiden aufgereinigten, rekombinanten CCN-Proteine durch eine 2D-SDS-PAGE zeigt die Existenz von Isoformen mit unterschiedlichen isoelektrischen Punkt.

Die Identität der einzelnen Protein-Flecke (Spots) wurde durch den Transfer der Proteine auf eine Nitrocellulose-Membran und Detektion durch spezifische Antikörper bestätigt. Im Falle von rrNOV wurde eine ESI-MS/MS massenspektrometrische Untersuchung der proteolytischen Peptide aus einer Auswahl von Protein-Spots durchgeführt. Die Existenz von Isoformen von CTGF und NOV, welche sich in den iPs (isoelektrischen Punkten) unterscheiden, kann ein Hinweis auf die post-translationale Modifikation der beiden CCN-Proteine sein.

Die Identität der aufgereinigten Proteine wurde mittels des Trypsin In-Gel-Verdaus mit anschließender ESI-MS/MS Massenspektroskopie ermittelt. Die Analyse mit dem MASCOT-Algorithmus und Swiss-Prot Proteinsequenzdatenbank ergab eine Sequenzabdeckung für CTGF von 18% und für NOV von über 27% durch die proteolytischen Peptide (Abbildung 33 und Abbildung 34).

Es konnte eine deutliche Verschiebung der molekularen Masse von rrNOV in der SDS Polyacrylamidgel Elektrophorese (PAGE) nach einer Deglykosylierung mit der PNGase F gezeigt werden. Diese Tatsache korrelierte mit der deutlich reduzierten Lektin Bindeaktivität durch das deglykosylierte rrNOV. Diese Daten konnten sehr ähnlich bei rhCTGF beobachtet werden. Die Affinität für Con A-Peroxidase Konjugat war bei der Säuger-Isoform vorhanden, aber nicht in der bakteriell überexprimierten Isoform des rhCTGF. Diese Affinität verschwand auch gänzlich in den Endo H sowie PNGase F inkubierten rhCTGF Proben (Abbildung 37 und Abbildung 39). Die Vorhersagen durch die Algorithmen auf dem ExPASy Proteomics Server (NetNGlyc 1.0 Server und NetOGlyc 3.1 Server) ergaben zwei potentielle N-Glykosylierungsstellen an der Position 28 <u>N</u>CSG (sehr hohes Potential) sowie an der Position 225 <u>N</u>ASC (niedriges Potential) der Aminosäurensequenz des humanen CTGF. In der NOV (Ratte) Aminosäurensequenz war an der Position 91 <u>N</u>ETG eine potentielle und an der Position 274 <u>N</u>CTS eine N-Glykosylierungsstelle mit niedrigen Potential. Dagegen konnten keine Vorraussagen über das Vorhandensein der O-Glykosylierungsstellen in der Aminosäurensequenz des humanen CTGFs gemacht werden. Es findet sich nur eine potentielle O-Glykosylierungsstelle in der Aminosäurensequenz von rNOV am Threoninrest 43. Die Vorhersagen über die sekundären Modifikationen stützen sich auf der Untersuchung von einer begrenzten Anzahl von Proteinen. Die Berechnung der wahrscheinlichen Modifikationsstellen in der jeweiligen Aminosäurensequenz stützt sich auf bioinformatisch aufgearbeiteten Daten aus den bekannten Proteinen. Über ein die Vergabe von Punkten, das heißt, den Stellen mit der höchsten Übereinstimmung mit den gemittelten Daten, wird eine Reihenfolge sortiert. Wenn der Punktwert einen bestimmten Wert übersteigt, wird es

als signifikant angesehen (Gupta, 2002; Julenius *et al.*, 2005). Die Vorhersagen sind also lediglich nur ein Hinweis auf den möglichen Zustand, welcher in nativem System nicht vorliegen muss. Die post-translationalen Modifikationen, z.B. die Disulfidbrücken in Proteinen mit hohem Anteil an Cysteinresten, können nur schwer in einem *E. coli* Expressionssystem durchgeführt werden (Rietsch und Beckwith, 1998). Die Ergebnisse können aber keine Aussage darüber machen, ob die sekundären Modifikationen in Form von N-Glykosylierung für die native Konformation und dadurch auch biologische Aktivität der beiden rekombinant hergestellten CCN-Proteine verantwortlich sind. Die Glykosylierung könnte ein wichtiges Merkmal für die Sekretion der beiden Proteine, aber auch ihre Bindung an die extrazelluläre Matrix der Zellen und auch Aufnahme in die Zellen. Die Glykosylierung ist auch eine wichtige Modifikation, welche die Stabilität der Proteine erhöht und vor proteolytischem Abbau schützt (Brooks, 2006).
Die beiden aufgereinigten, rekombinanten CCN-Proteine können bei 4 sowie -80 ℃ im 10 mM Tris pH 7, 150 mM NaCl Puffer gelagert werden. Es zeigt sich kein Unterschied in der Stabilität durch unterschiedliche Lagerungstemperatur für die beiden aufgereinigten, rekombinanten CCN-Proteine. Die beiden aufgereinigten Proteine sind durch eine SDS-PAGE aufgetrennt worden. Es zeigen sich keine zusätzlichen Proteinbanden nach der Coomassie-Färbung des PAA-Gels nach der Elektrophorese.

5.5 Biologische Aktivität von rhCTGF und rrNOV

Die biologische Aktivität von den isolierten Proteinen ist eine wichtige Eigenschaft und ein Indikator für eine erfolgreiche Aufreinigung. Der Nachweis der biologischen Aktivität wurde zum einen über den Unterschied in der Zellproliferation von stimulierten EA hy 926 Zellen bestimmt (Kunzmann *et al.*, 2008), zum anderen durch den Einfluss auf die Smad3 Aktivierung in EA hy 926 Zellen. Nach einer Gabe von 700 ng/ml rhCTGF ergibt sich eine Erhöhung in der Proliferation, gemessen durch den BrdU Einbau in der *de-novo* synthetisierten DNA, von über 150% von der unstimulierten Kontrolle (Abbildung 44), ein Wert, der ähnlich für die hepatischen Sternzellen angegeben wird (Karger *et al.*, 2008). Dagegen nimmt die Proliferation nach einer Induktion mit TGF-β1 ab, der Einsatz von rhCTGF bakteriellen Ursprungs (BioVendor) zeigt keine Wirkung auf die Inkorporation von BrdU durch EA hy 926 Zellen (Abbildung 43). Die Stimulation mit rrNOV zeigt auch keine Wirkung auf die Proliferation der EA hy 926 Zellen (nicht gezeigt). In diesem Versuch konnte auch gezeigt werden, dass eine Stimulation mit PDGF-BB zu einem Anstieg der

Proliferation von EA hy 926 Zellen um 250% und die Stimulation mit TGF-β1 zu einer Abnahme der Proliferation der EA hy 926 Zellen auf 50% führt (Abbildung 45). Diese Daten zeigen eine Proliferation supprimierende Wirkung von TGF-β1 und eine Proliferation fördernde Wirkung von PDGF-BB. Im Falle von rhCTGF ist eine Neusynthese der DNA in einer geringeren Menge, verglichen mit PDGF-BB vorhanden. Die Erhöhung der Proliferation der EA hy 926 Zellen geht mit der Erhöhung der Proteinkonzentration in den Zelllysaten von EA hy 926 Zellen stimuliert mit PDGF-BB um das 1,6 fache einher. Die Proteinmenge im Zelllysat von rhCTGF stimulierten EA hy 926 Zellen verändert sich nicht im Vergleich mit der unstimulierten Kontrolle. Die Stimulation mit rrNOV und TGF-β1 zeigt eine inhibitorische Wirkung auf die Proteinsynthese in den EA hy 926 Zellen (Abbildung 54). Es zeigt sich auch eine Erhöhung der Luziferase-Expression in dem Smad3 sensitiven Reporterplasmid-Assay mit $(CAGA)_{12}$-MLP-Luc. In diesem Vektor ist die Luziferase Expression von der 12-mal hintereinander gesetzten, nukleares Smad3/4 Komplex bindenden, CAGA-Box (AG(C/A)CAGACA) gesteuert. Sie stamm ursprünglich aus einem, durch TGF-β1 induzierbaren, Sequenzabschnitt in dem Promoter von PAI-1 (Dennler *et al.*, 1998). Die Ergebnisse aus den Stimulationsversuchen der EA hy 926 Zellen, welche transient mit dem Reporterplasmid $(CAGA)_{12}$-MLP-Luc transfiziert waren, zeigten einen Dosis-abhänigigen Anstieg der Luziferase Aktivität durch Stimulation mit aufgereinigten rhCTGF (Abbildung 47). Diese Aktivität konnte durch einen Anti-hCTGF Antikörper abgefangen werden. Es ist interessant, dass der Anti-hCTGF Antikörper in der Lage war auch einen stimulatorischen Effekt des (wahrscheinlich) endogenen CTGF in den EA hy 926 Zellen abzufangen (Abbildung 49). Im Gegensatz zu rhCTGF wirkt das rekombinante rNOV inhibitorisch auf die Luziferaseaktivität und senkt diese auf das 0,6-fache von der unstimulierten Kontrolle. Es zeigt sich dadurch deutlich eine biologische Aktivität von rekombinanten rNOV (Abbildung 48). Ein passendes *read-out* System muss noch gefunden werden. Dieses Ergebnis gibt einen Hinweis auf eine entgegengesetzte Wirkung von CTGF und NOV. Die Kontrolle der Expression und Wirkung der beiden Mitglieder der CCN-Familie könnte durch ein Gleichgewicht, eine Art Yin/Yang Effekt, gesteuert werden (Riser *et al.*, 2009). In der chinesischen Philosophie sind die beiden gegensätzlichen Zustände *‚YIN'* und *‚YANG'* in einem fließenden Übergang. Nach Roger T. Ames werden diese Begriffe benutzt, um die Definition einer gegensätzlichen Beziehung zu beschreiben, welche zwischen zwei oder mehr Dingen herrscht (Encyclopedia of Chinese Philosophy, New York, S. 846). Diese Tatsache wird auch durch die EA hy 926 Zellen bestätigt, welche mit rhCTGF konditionierten, serumfreien Medium von dem stabil transfizierten Flp-In™ 293 Klon WB4 stimuliert worden waren. Die NOV Expression war in diesen Zellen, im

Gegensatz zu den unstimulierten erniedrigt worden (Abbildung 55).

Zusammenfassend:

1. Es wurde im Rahmen dieser Arbeit Expressions- und Aufreinigungssystem auf der Basis von permanenten, eukaryontischen Zelllinien 293 sowie COS-7 für die rekombinanten hCTGF sowie rNOV etabliert.

3. Die Identität von rhCTGF und rrNOV konnte durch Trypsin In-Gel-Verdau mit anschliessender ESI-MS/MS Spektrometrie und Sequenzabgleich der proteolytischen Peptide mit der Swiss-Prot Datenbank mittels MASCOT Algorithmus bestätigt werden.

2. Beide aufgereinigten, rekombinanten Proteine können mindestens 3 Monate stabil bei 4℃ sowie -80℃ im Elutionspuffer gelagert werden (10 mM Tris/HCl, 150 mM NaCl, pH 7).

3. Die biologische Aktivität der beiden rekombinanten CCN-Proteine mit Hilfe eines Genreporters sowie Proliferationsassay bestätigt werden. Dagegen zeigte das bakteriell-exprimierte rhCTGF (BioVendor) keine Wirkung in den beiden Assays.

4. Die Ergebnisse der Untersuchungen mittels 2D-SDS-PAGE sowie MALDI-TOF/TOF Massenspektrometrie weisen auf die Existenz von Isoformen von rhCTGF und rrNOV, welche sich vor allem durch die Varianz in isoelektrischen Punkten sowie molekularen Gewichten unterscheiden.

5. Durch die Markierung mit ConA-HRP und Deglykosylierung durch Glykosidasen konnte die N-Glykosylierung von rhCTGF und rrNOV bestätigt werden.

6 Literaturverzeichnis

Abdollah, S.; Macías-Silva, M.; Tsukazaki, T.; Hayashi, H.; Attisano, L.; Wrana, J.L. (1997) TbetaRI phosphorylation of Smad2 on Ser465 and Ser467 is required for Smad2-Smad4 complex formation and signaling. *J. Biol. Chem.*, 272: 27678–27685.

Arnott, J.A.; Zhang, X.; Sanjay, A.; Owen, T.A.; Smock, S.L.; Rehman, S. (2008) Molecular requirements for induction of CTGF expression by TGF-beta1 in primary osteoblasts. *Bone*, 42: 871–885.

Attisano, L.; Wrana, J.L. (2002) Signal transduction by the TGF-beta superfamily. *Science*, 296: 1646–1647.

Ball, D.K.; Moussad, E.E.-D.A.; Rageh, M.A.E.; Kemper, S.A.; Brigstock, D.R. (2003) Establishment of a recombinant expression system for connective tissue growth factor (CTGF) that models CTGF processing *in utero*. *Reproduction*, 125: 271–284.

Benini, S.; Perbal, B.; Zambelli, D.; Colombo, M.P.; Manara, M.C.; Serra, M. (2005) In Ewing's sarcoma CCN3(NOV) inhibits proliferation while promoting migration and invasion of the same cell type. *Oncogene*, 24: 4349–4361.

Blaney Davidson, E.N.; Vitters, E.L.; Mooren, F.M.; Oliver, N.; van Berg, W.B.d.; van der Kraan, P.M. (2006) Connective tissue growth factor/CCN2 overexpression in mouse synovial lining results in transient fibrosis and cartilage damage. *Arthritis Rheum.*, 54: 1653–1661.

Bork, P. (1993) The modular architecture of a new family of growth regulators related to connective tissue growth factor. *FEBS Lett.*, 327: 125–130.

Brigstock, D.R. (1999) The connective tissue growth factor/cysteine-rich 61/nephroblastoma overexpressed (CCN) family. *Endocr. Rev.*, 20: 189–206.

Brigstock, D.R.; Goldschmeding, R.; Katsube, K.-i.; Lam, S.C.-T.; Lau, L.F.; Lyons, K. (2003) Proposal for a unified CCN nomenclature. *Mol. Pathol.*, 56: 127–128.

Bronzert, D.A.; Bates, S.E.; Sheridan, J.P.; Lindsey, R.; Valverius, E.M.; Stampfer, M.R. (1990) Transforming growth factor-beta induces platelet-derived growth factor (PDGF) messenger RNA and PDGF secretion while inhibiting growth in normal human mammary epithelial cells. *Mol. Endocrinol.*, 4: 981–989.

Brooks, S.A. (2006) Protein glycosylation in diverse cell systems: implications for modification and analysis of recombinant proteins. *Expert review of proteomics*, 3: 345–359.

Cabañas, M.J.; Vázquez, D.; Modolell, J. (1978) Dual interference of hygromycin B with ribosomal translocation and with aminoacyl-tRNA recognition. *Eur. J. Biochem.*, 87: 21–27.

Chang, H.; Brown, C.W.; Matzuk, M.M. (2002) Genetic analysis of the mammalian transforming growth factor-beta superfamily. *Endocr. Rev.*, 23: 787–823.

Chaqour, B.; Goppelt-Struebe, M. (2006) Mechanical regulation of the CYR61/CCN1 and CTGF/CCN2 proteins. *FEBS J.*, 273: 3639–3649.

Chen, Q.; Miller, L.J.; Dong, M. (2010) Role of N-linked glycosylation in biosynthesis, trafficking, and function of the human glucagon-like peptide 1 receptor. *Am J Physiol Endocrinol Metab.*, 299: 62–68.

Chen, Y.; Segarini, P.; Raoufi, F.; Bradham, D.; Leask, A. (2001) Connective tissue growth factor is secreted through the Golgi and is degraded in the endosome. *Exp. Cell Res.*, 271: 109–117.

Chen, Y.; Abraham, D.J.; Shi-wen, X.; Pearson, J.D.; Black, C.M.; Lyons, K.M.; Leask, A. (2004) CCN2 (connective tissue growth factor) promotes fibroblast adhesion to fibronectin. *Mol. Biol. Cell*, 15: 5635–5646.

Cheng, O.; Thuillier, R.; Sampson, E.; Schultz, G.; Ruiz, P.; Zhang, X. (2006) Connective tissue growth factor is a biomarker and mediator of kidney allograft fibrosis. *Am. J. Transplant.*, 6: 2292–2306.

Chevalier, G.; Yeger, H.; Martinerie, C.; Laurent, M.; Alami, J.; Schofield, P.N.; Perbal, B. (1998) novH: differential expression in developing kidney and Wilm's tumors. *Am. J. Pathol.*, 152: 1563–1575.

Creighton, T.E. (1997) Protein folding coupled to disulphide bond formation. *Biol. Chem.*, 378: 731–744.

Dennler, S.; Itoh, S.; Vivien, D.; Dijke, P. ten; Huet, S.; Gauthier, J.M. (1998) Direct binding of Smad3 and Smad4 to critical TGF beta-inducible elements in the promoter of human plasminogen activator inhibitor-type 1 gene. *EMBO J.*, 17: 3091–3100.

Derynck, R.; Zhang, Y.E. (2003) Smad-dependent and Smad-independent pathways in TGF-beta family signalling. *Nature*, 425: 577–584.

Dhar, A.; Ray, A. (2010) The CCN family proteins in carcinogenesis. *Exp. Oncol.*, 32: 2–9.

Dijke, P. ten; Hill, C.S. (2004) New insights into TGF-beta-Smad signalling. *Trends Biochem. Sci.*, 29: 265–273.

Edgell, C.J.; McDonald, C.C.; Graham, J.B. (1983) Permanent cell line expressing human factor VIII-related antigen established by hybridization. *Proc. Natl. Acad. Sci. U.S.A.*, 80: 3734–3737.

Frazier, W.A. (1991) Thrombospondins. *Curr. Opin. Cell Biol.*, 3: 792–799.

Friedman, S.L.; Arthur, M.J. (1989) Activation of cultured rat hepatic lipocytes by Kupffer cell conditioned medium. Direct enhancement of matrix synthesis and stimulation of cell proliferation via induction of platelet-derived growth factor receptors. *J. Clin. Invest.*, 84: 1780–1785.

Friedman, S.L. (2008) Mechanisms of hepatic fibrogenesis. *Gastroenterology*, 134: 1655–1669.

Fukunaga-Kalabis, M.; Martinez, G.; Telson, S.M.; Liu, Z.-J.; Balint, K.; Juhasz, I. (2008) Downregulation of CCN3 expression as a potential mechanism for melanoma progression. *Oncogene*, 27: 2552–2560.

Gao, R.; Brigstock, D.R. (2004) Connective tissue growth factor (CCN2) induces adhesion of rat activated hepatic stellate cells by binding of its C-terminal domain to integrin alpha(v)beta(3) and heparan sulfate proteoglycan. *J. Biol. Chem.*, 279: 8848–8855.

García-Bravo, M.; Morán-Jiménez, M.-J.; Quintana-Bustamante, O.; Méndez, M.; Gutiérrez-Vera, I.; Bueren, J. (2009) Bone marrow-derived cells promote liver regeneration in mice with erythropoietic protoporphyria. *Transplantation*, 88: 1332–1340.

Gill, R.S.; Hsiung, M.S.; Sum, C.S.; Lavine, N.; Clark, S.D.; van Tol, H.H.M. (2010) The dopamine D4 receptor activates intracellular platelet-derived growth factor receptor beta to stimulate ERK1/2. *Cell. Signal.*, 22: 285–290.

Gluzman, Y. (1981) SV40-transformed simian cells support the replication of early SV40 mutants. *Cell*, 23: 175–182.

Graham, F.L.; Smiley, J.; Russell, W.C.; Nairn, R. (1977) Characteristics of a human cell line transformed by DNA from human adenovirus type 5. *J. Gen. Virol.*, 36: 59–74.

Greenbaum, L.E.; Wells, R.G. (2009) The role of stem cells in liver repair and fibrosis. *Int. J. Biochem. Cell Biol.*, Im Druck.

Gressner, O.A.; Lahme, B.; Demirci, I.; Gressner, A.M.; Weiskirchen, R. (2007) Differential effects of TGF-beta on connective tissue growth factor (CTGF/CCN2) expression in hepatic stellate cells and hepatocytes. *J. Hepatol.*, 47: 699–710.

Grotendorst, G.R. (1997) Connective tissue growth factor: a mediator of TGF-beta action on fibroblasts. *Cytokine Growth Factor Rev.*, 8: 171–179.

Guan, J.-L. (2010) Integrin signaling through FAK in the regulation of mammary stem cells and breast cancer. *IUBMB Life*, 62: 268–276.

Gupta, N.; Wang, H.; McLeod, T.L.; Naus, C.C.; Kyurkchiev, S.; Advani, S. (2001) Inhibition of glioma cell growth and tumorigenic potential by CCN3 (NOV). *MP, Mol. Pathol.*, 54: 293–299.

Gupta, R.; Brunak, S. (2002) Prediction of glycosylation across the human proteome and the correlation to protein function. *Pac. Symp. Biocomput.*, 310–322.

Hogan, B.L. (1996) Bone morphogenetic proteins in development. *Curr. Opin. Genet. Dev.*, 6: 432–438.

Holbourn, K.P.; Acharya, K.R.; Perbal, B. (2008) The CCN family of proteins: structure-function relationships. *Trends Biochem. Sci.*, 33: 461–473.

Holmes, A.; Abraham, D.J.; Sa, S.; Shiwen, X.; Black, C.M.; Leask, A. (2001) CTGF and SMADs, maintenance of scleroderma phenotype is independent of SMAD signaling. *J. Biol. Chem.*, 276: 10594–10601.

Holmes, A.; Abraham, D.J.; Chen, Y.; Denton, C.; Shi-wen, X.; Black, C.M.; Leask, A. (2003) Constitutive connective tissue growth factor expression in scleroderma fibroblasts is dependent on Sp1. *J. Biol. Chem.*, 278: 41728–41733.

Ito, Y.; Aten, J.; Bende, R.J.; Oemar, B.S.; Rabelink, T.J.; Weening, J.J.; Goldschmeding, R. (1998) Expression of connective tissue growth factor in human renal fibrosis. *Kidney Int.*, 53: 853–861.

Joliot, V.; Martinerie, C.; Dambrine, G.; Plassiart, G.; Brisac, M.; Crochet, J.; Perbal, B. (1992) Proviral rearrangements and overexpression of a new cellular gene (nov) in myeloblastosis-associated virus type 1-induced nephroblastomas. *Mol. Cell. Biol.*, 12: 10–21.

Josephy, P.D.; Eling, T.; Mason, R.P. (1982) The horseradish peroxidase-catalyzed oxidation of 3,5,3',5'-tetramethylbenzidine. Free radical and charge-transfer complex intermediates. *J. Biol. Chem.*, 257: 3669–3675.

Josephy, P.D.; Eling, T.E.; Mason, R.P. (1983) Co-oxidation of benzidine by prostaglandin synthase and comparison with the action of horseradish peroxidase. *J. Biol. Chem.*, 258: 5561–5569.

Julenius, K.; Mølgaard, A.; Gupta, R.; Brunak, S. (2005) Prediction, conservation analysis, and structural characterization of mammalian mucin-type O-glycosylation sites. *Glycobiology*, 15: 153–164.

Karger, A.; Fitzner, B.; Brock, P.; Sparmann, G.; Emmrich, J.; Liebe, S.; Jaster, R. (2008) Molecular insights into connective tissue growth factor action in rat pancreatic stellate cells. *Cell. Signal.*, 20: 1865–1872.

Kingsley, D.M. (1994) The TGF-beta superfamily: new members, new receptors, and new genetic tests of function in different organisms. *Genes Dev.*, 8: 133–146.

Kordes, C.; Sawitza, I.; Müller-Marbach, A.; Ale-Agha, N.; Keitel, V.; Klonowski-Stumpe, H.; Häussinger, D. (2007) CD133+ hepatic stellate cells are progenitor cells. *Biochem. Biophys. Res. Commun.*, 352: 410–417.

Kunzmann, S.; Seher, A.; Kramer, B.W.; Schenk, R.; Schütze, N.; Jakob, F. (2008) Connective tissue growth factor does not affect transforming growth factor-beta 1-induced Smad3 phosphorylation and T lymphocyte proliferation inhibition. *Int. Arch. Allergy Immunol.*, 147: 152–160.

Lau, L.F.; Lam, S.C. (1999) The CCN family of angiogenic regulators: the integrin connection. *Exp. Cell Res.*, 248: 44–57.

Leask, A.; Abraham, D.J. (2004) TGF-beta signaling and the fibrotic response. *FASEB J.*, 18: 816–827.

Leask, A.; Abraham, D.J. (2006) All in the CCN family: essential matricellular signaling modulators emerge from the bunker. *J. Cell. Sci.*, 119: 4803–4810.

Leboul, J.; Davies, J. (1982) Enzymatic modification of hygromycin B in Streptomyces hygroscopicus. *J. Antibiot.*, 35: 527–528.

Lin, C.G.; Chen, C.-C.; Leu, S.-J.; Grzeszkiewicz, T.M.; Lau, L.F. (2005) Integrin-dependent functions of the angiogenic inducer NOV (CCN3): implication in wound healing. *J. Biol. Chem.*, 280: 8229–8237.

Lin, C.G.; Leu, S.-J.; Chen, N.; Tebeau, C.M.; Lin, S.-X.; Yeung, C.-Y.; Lau, L.F. (2003) CCN3 (NOV) is a novel angiogenic regulator of the CCN protein family. *J. Biol. Chem.*, 278: 24200–24208.

Lis, H.; Sharon, N. (1973) The biochemistry of plant lectins (phytohemagglutinins). *Annu. Rev. Biochem.*, 42: 541–574.

Malpartida, F.; Zalacaín, M.; Jiménez, A.; Davies, J. (1983) Molecular cloning and expression in streptomyces lividans of a hygromycin B phosphotransferase gene from Streptomyces hygroscopicus. *Biochem. Biophys. Res. Commun.*, 117: 6–12.

Martinerie, C.; Chevalier, G.; Rauscher, F.J.; Perbal, B. (1996) Regulation of nov by WT1: a potential role for nov in nephrogenesis. *Oncogene*, 12: 1479–1492.

Martinerie, C.; Huff, V.; Joubert, I.; Badzioch, M.; Saunders, G.; Strong, L.; Perbal, B. (1994) Structural analysis of the human nov proto-oncogene and expression in Wilms tumor. *Oncogene*, 9: 2729–2732.

Massagué, J.; Wotton, D. (2000) Transcriptional control by the TGF-beta/Smad signaling system. *EMBO J.*, 19: 1745–1754.

Mulder, K.M. (2000) Role of Ras and Mapks in TGFbeta signaling. *Cytokine Growth Factor Rev.*, 11: 23–35.

O'Farrell, P.H. (1975) High resolution two-dimensional electrophoresis of proteins. *J. Biol. Chem.*, 250: 4007–4021.

Pardo, J.M.; Malpartida, F.; Rico, M.; Jiménez, A. (1985) Biochemical basis of resistance to hygromycin B in Streptomyces hygroscopicus--the producing organism. *J. Gen. Microbiol.*, 131: 1289–1298.

Parola, M.; Pinzani, M. (2009) Hepatic wound repair. *Fibrogenesis & tissue repair*, 2: 4.

Perbal, B. (1994) Contribution of MAV-1-induced nephroblastoma to the study of genes involved in human Wilms' tumor development. *Crit. Rev. Oncog.*, 5: 589–613.

Perbal, B. (2001) NOV (nephroblastoma overexpressed) and the CCN family of genes: structural and functional issues. *Mol. Pathol.*, 54: 57–79.

Perbal, B.; Lipsick, J.S.; Svoboda, J.; Silva, R.F.; Baluda, M.A. (1985) Biologically active proviral clone of myeloblastosis-associated virus type 1: implications for the genesis of avian myeloblastosis virus. *J. Virol.*, 56: 240–244.

Phanish, M.K.; Wahab, N.A.; Colville-Nash, P.; Hendry, B.M.; Dockrell, M.E.C. (2006) The differential role of Smad2 and Smad3 in the regulation of pro-fibrotic TGFbeta1 responses in human proximal-tubule epithelial cells. *Biochem. J.*, 393: 601–607.

Puck, T.T.; Cieciura, S.J.; Robinson, A. (1958) Genetics of somatic mammalian cells. III. Long-term cultivation of euploid cells from human and animal subjects. *J. Exp. Med.*, 108: 945–956.

Rietsch, A.; Beckwith, J. (1998) The genetics of disulfide bond metabolism. *Annu. Rev. Genet.*, 32: 163–184.

Riser, B.L.; Najmabadi, F.; Perbal, B.; Peterson, D.R.; Rambow, J.A.; Riser, M.L. (2009) CCN3 (NOV) is a negative regulator of CCN2 (CTGF) and a novel endogenous inhibitor of the fibrotic pathway in an *in vitro* model of renal disease. *Am. J. Pathol.*, 174: 1725–1734.

Roderfeld, M.; Rath, T.; Voswinckel, R.; Dierkes, C.; Dietrich, H.; Zahner, D. (2010) Bone marrow transplantation demonstrates medullar origin of CD34+ fibrocytes and ameliorates hepatic fibrosis in Abcb4-/- mice. *Hepatology*, 51: 267–276.

Rosenfeld, J.; Capdevielle, J.; Guillemot, J.C.; Ferrara, P. (2010) In-gel digestion of proteins for internal sequence analysis after one- or two-dimensional gel electrophoresis. *Analyt. Biochem.*, 203: 173–179.

Ross, R.; Glomset, J.; Kariya, B.; Harker, L. (1974) A platelet-dependent serum factor that stimulates the proliferation of arterial smooth muscle cells in vitro. *Proc. Natl. Acad. Sci. U.S.A.*, 71: 1207–1210.

Ryseck, R.P.; Macdonald-Bravo, H.; Mattéi, M.G.; Bravo, R. (1991) Structure, mapping, and expression of fisp-12, a growth factor-inducible gene encoding a secreted cysteine-rich protein. *Cell Growth Differ.*, 2: 225–233.

Samarakoon, R.; Goppelt-Struebe, M.; Higgins, P.J. (2010) Linking cell structure to gene regulation: Signaling events and expression controls on the model genes PAI-1 and CTGF. *Cell. Signal.*, 22: 1413-1419

Sánchez-López, E.; Rodrigues Díez, R.; Rodríguez Vita, J.; Rayego Mateos, S.; Rodrigues Díez, R.R.; Rodríguez García, E. (2009) [Connective tissue growth factor (CTGF): a key factor in the onset and progression of kidney damage]. *Nefrologia*, 29: 382–391.

Scholz, G.; Martinerie, C.; Perbal, B.; Hanafusa, H. (1996) Transcriptional down regulation of the nov proto-oncogene in fibroblasts transformed by p60v-src. *Mol. Cell. Biol.*, 16: 481–486.

Secker, G.A.; Shortt, A.J.; Sampson, E.; Schwarz, Q.P.; Schultz, G.S.; Daniels, J.T. (2008) TGFbeta stimulated re-epithelialisation is regulated by CTGF and Ras/MEK/ERK signalling. *Exp. Cell Res.*, 314: 131–142.

Sharon, N. (1993) Lectin-carbohydrate complexes of plants and animals: an atomic view. *Trends Biochem. Sci.*, 18: 221–226.

Shi-wen, X.; Rodríguez-Pascual, F.; Lamas, S.; Holmes, A.; Howat, S.; Pearson, J.D. (2006) Constitutive ALK5-independent c-Jun N-terminal kinase activation contributes to endothelin-1 overexpression in pulmonary fibrosis: evidence of an autocrine endothelin loop operating through the endothelin A and B receptors. *Mol. Cell. Biol.*, 26: 5518–5527.

Smerdel-Ramoya, A.; Zanotti, S.; Stadmeyer, L.; Durant, D.; Canalis, E. (2008) Skeletal overexpression of connective tissue growth factor impairs bone formation and causes osteopenia. *Endocrinology*, 149: 4374–4381.

Subramaniam, M.M.; Lazar, N.; Navarro, S.; Perbal, B.; Llombart-Bosch, A. (2008) Expression of CCN3 protein in human Wilms' tumors: immunohistochemical detection of CCN3 variants using domain-specific antibodies. *Virchows Arch.*, 452: 33–39.

van Beek, J.P.; Kennedy, L.; Rockel, J.S.; Bernier, S.M.; Leask, A. (2006) The induction of CCN2 by TGFbeta1 involves Ets-1. *Arthritis Res. Ther.*, 8: R36.

van Roeyen, C.R.C.; Eitner, F.; Scholl, T.; Boor, P.; Kunter, U.; Planque, N. (2008) CCN3 is a novel endogenous PDGF-regulated inhibitor of glomerular cell proliferation. *Kidney Int.*, 73: 86–94.

Walsh, C.T.; Stupack, D.; Brown, J.H. (2008) G protein-coupled receptors go extracellular: RhoA integrates the integrins. *Mol. Interv.*, 8: 165–173.

Wiercinska, E.; Wickert, L.; Denecke, B.; Said, H.M.; Hamzavi, J.; Gressner, A.M. (2006) Id1 is a critical mediator in TGF-beta-induced transdifferentiation of rat hepatic stellate cells. *Hepatology*, 43: 1032–1041.

Winter, P. de; Leoni, P.; Abraham, D. (2008) Connective tissue growth factor: structure-function relationships of a mosaic, multifunctional protein. *Growth Factors*, 26: 80–91.

Wrana, J.L.; Attisano, L.; Wieser, R.; Ventura, F.; Massagué, J. (1994) Mechanism of activation of the TGF-beta receptor. *Nature*, 370: 341–347.

Xu, S.-W.; Howat, S.L.; Renzoni, E.A.; Holmes, A.; Pearson, J.D.; Dashwood, M.R. (2004) Endothelin-1 induces expression of matrix-associated genes in lung fibroblasts through MEK/ERK. *J. Biol. Chem.*, 279: 23098–23103.

Ying, Z.; King, M.L. (1996) Isolation and characterization of xnov, a Xenopus laevis ortholog of the chicken nov gene. *Gene*, 171: 243–248.

MIX
Papier aus verantwortungsvollen Quellen
Paper from responsible sources
FSC® C105338

Printed by Books on Demand GmbH, Norderstedt / Germany